IchigoJam
イチゴ・ジャム

ではじめる
電子工作 & プログラミング

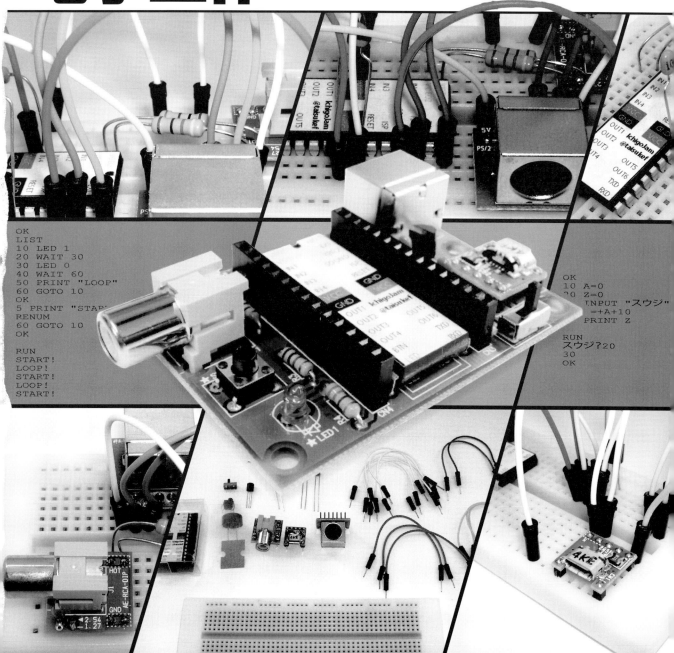

はじめに

　「IchigoJam」（イチゴ・ジャム）は、子供にも扱える、シンプルな構造のプログラミング専用パソコンです。
　CPUに「LPC1114 Cortex-M0（48MHz）」を搭載し、RAMを4KBを備えていて、キーボード、テレビ、電源をつなげば、簡単にプログラミングを始めることができます。

*

　プログラムに使われている言語は、「BASIC」を「IchigoJam」用に改良したものです。
　直感的に分かりやすいコマンドが多く、プログラミング初心者でも簡単に扱うことができます。

　だからといって、難しいプログラムが書けないわけではありません。
　慣れるにしたがって、複雑で大きなプログラムも作れるようになっていくでしょう。

*

　本書は、「IchigoJam」を使って、プログラミングを始めたい人……特に、「ゲーム作り」や「おもちゃ作り」を目指したい人のための入門書です。

　プログラミングの理論を厳密に理解することはとても大事です。
　しかし、この本の目的は、勉強ではなく、「自分で作ったものが動く面白さ」を知ってもらうことを第一としています。

　本書が、「ものづくり」のお役に立てば、幸いです。

(株)Natural Style

IchigoJamではじめる
電子工作&プログラミング

CONTENTS

はじめに ……………………………………………………………… 3

第1章　「IchigoJam」って何？
[1-1]　「IchigoJam」の特徴 ……………………………………… 8
[1-2]　「IchigoJam」に必要な周辺機器 ………………………… 10

第2章　「IchigoJam」を作ってみよう！
[2-1]　「IchigoJam」の入手方法 ………………………………… 14
[2-2]　「ブレッドボード・キット」の組み立て ………………… 17

第3章　BASICでプログラミング
[3-1]　コマンド・モード ………………………………………… 36
[3-2]　プログラミング・モード ………………………………… 42
[3-3]　「電卓プログラム」を作る ……………………………… 50
[3-4]　「縄跳びゲーム」を作る ………………………………… 63

第4章　「汎用入出力ポート」による拡張
[4-1]　「汎用入出力ポート」の使い方 …………………………… 88
[4-2]　「LED」を組み込む ………………………………………… 91
[4-3]　「照度センサ」を組み込む ……………………………… 101
[4-4]　「加速度センサ」を組み込む …………………………… 112

[附録A]　作品の投稿について ………………………………… 117
[附録B]　「電卓プログラム」のバグ ………………………… 118
[附録C]　「IchigoJam BASIC」リファレンス ……………… 121
[附録D]　文字コードテーブル ………………………………… 125

索　引 ……………………………………………………………… 126

●IchigoJam は株式会社 jig.jp の登録商標です。
●その他、各製品名は、一般に各社の登録商標または商標ですが、®およびTMは省略しています。

第1章

「IchigoJam」って何?

「IchigoJam」(イチゴ・ジャム)の面白い点は、「プログラミング」でも「電子工作」でも、"初心者向け入門キット"として有用というところです。
本章ではまず、「IchigoJam」の特徴を紹介します。

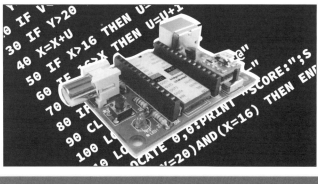

1-1 「IchigoJam」の特徴

「IchigoJam」は、「プログラミング・クラブ・ネットワーク」(PCN)から販売されているパソコンです。

「パソコン」とは言っても、普通に思い浮かべるものとは、見た目も機能も大きく違います。その最大の特徴は、なんといっても"プログラミング専用"であることでしょう。

また、「IchigoJam」は完成品だけではなく、自分で組み立てる「工作用キット」が販売されています。

図1-1 「IchigoJam」(完成品)の写真
「縦5.0cm×横7.5cm」の非常に小さなパソコン。

■BASICプログラミング専用パソコン

すでに述べたとおり、「IchigoJam」はプログラミング専用パソコンです。

普通のパソコンならば、インターネットに接続したり、文章や絵を書いたり、表計算をしたりと、さまざまなことができます。ところが「IchigoJam」は、「プログラムを書いて実行する」ことしかできません。

その代わり、プログラミングのために特別なソフトを用意する必要がなく、普通のパソコンと比べて、はるかに安価です(2015年8月現在、最も安いキットは「Ichigo (15) Jam」ということで1,500円になっています)。

*

プログラミング言語としては、初心者向けである「BASIC」を、IchigoJam用に改良したものを使います。

「BASIC」とは、「Beginner's All-purpose Symbolic Instruction Code」、日本語に訳すと「初心者向け汎用命令コード」のことで、その名のとおり、初心者でも扱いやすい言語です。

たとえば、**リスト1-1**のようなプログラムがあります。

これはたった1行ですが、世界で最も有名なプログラムです。このプログラムを書いたことがないプログラマーは存在しない、と言ってもいいほどでしょう。

【リスト1-1】世界で最も有名なプログラム「Hello world」
```
PRINT "HELLO,WORLD!"
```

「PRINT」が、BASICのコマンド（命令文）です。

これは、その言葉どおり文字を印刷する、つまり「モニタ上に文字を表示する」というコマンドです。「PRINT」コマンドの直後にある「"」（ダブルクォーテーション記号）で挟まれた部分が、文字として表示されます。

図1-2　「リスト1-1」のプログラムを実行した結果

すでに「IchigoJam」の完成品をもっている方は、**リスト1-1**のプログラムを書いて、実行してみてください。

すべてのサッカー選手が足でボールに触れるところから始めるように、"プログラマー"としての第一歩は、ここから始まります。

■「汎用入出力ポート」による拡張

「IchigoJam」は、「汎用入力ポート」を4つ、「汎用出力ポート」を6つ備えています。

たとえば、「CSDセル」（光感知素子）を「汎用入力ポート」に接続し、「圧電サウンダ」を「汎用出力ポート」に接続します。これで、「周囲の明るさを検知して、暗くなったら音を鳴らす」というプログラムを作ることができます。

「汎用入出力ポート」にどのようなものを接続するか、そしてそれをどのように制御するかは、プログラマー次第です。ロボットの入出力ポートと接続すれば、「IchigoJam」のプログラムでロボットを制御することさえ可能です。

「ボタン入力」「LED出力」「汎用入出力」は、いわば"プログラムを画面の中だけでは終わらせない"ためのものだと言えるでしょう。

1-2 「IchigoJam」に必要な周辺機器

「IchigoJam」は電源さえあれば動きますが、プログラムを作るには周辺機器を揃える必要があります。
必要な周辺機器には、以下のようなものがあります。

■モニタ

プログラムを作るには必須の周辺機器で、「ビデオ入力端子」を備えたものが必要になります。
「ビデオ入力端子」があるのなら、家庭用テレビでも問題ありません。

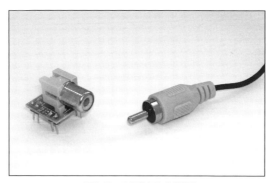

図1-3　ビデオ入力端子

■キーボード

こちらも、プログラムを作るには必須の周辺機器です。「PS/2端子」をもつキーボードであればどのようなものでも問題ありません。

なお、「プログラミング・クラブ・ネットワーク」で販売されている「IchigoJam Get Started Set」という製品には、キーボードも同梱されています。

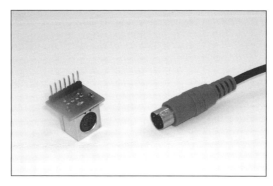

図1-4　PS/2入力端子

[1-2]「IchigoJam」に必要な周辺機器

■「汎用入出力ポート」に接続する素子

すでに述べたように、「汎用入出力ポート」を使えば、「IchigoJam」の面白さの幅はグッと広がります。

「汎用入出力ポート」に接続できる素子としては、「加速度センサ」「温度センサ」「照度センサ」「LED」「モータードライバ」などがあります。

たとえば、「加速度センサ」を接続すると、それ自体を動かしたり傾けたりすることで信号を発信するデバイスを作ることが可能です。

「汎用入出力ポート」からの信号を受け取るようなゲームのプログラムを作れば、デバイスを動かしたり傾けたりして遊ぶこともできます。

＊

これらの素子は、「モニタ」や「キーボード」とは違い、必ずしも使うというわけではありません。しかし、「IchigoJam」の面白さを充分に発揮したいときは、これらの利用も考えるべきでしょう。

図1-5　加速度センサ

第2章

「IchigoJam」を作ってみよう！

「IchigoJam」の組み立ては、決して難しいものではありません。特に「ブレッドボード・キット」という製品は、ハンダ付けが不要で、特別な道具も必要なく組み立てができます。電子工作の初心者にとっては、うってつけと言えるでしょう。

本章では、「ブレッドボード・キット」の組み立て方を、写真を交えながら解説していき、「IchigoJam」の入手方法などについても紹介します。

2-1 「IchigoJam」の入手方法

まず、「IchigoJam」を販売しているサイトやお店、どのような製品が用意されているのかなどを紹介します。
2015年8月現在では、4種類のキットが販売されています。

■キットについて

以下に、各キットの内容を簡単に紹介します。

●ブレッドボード・キット

「ブレッドボード」という電子工作が簡単にできる基板(詳しくは後述)を使って組み立てるキットです。本書では、主にこのキットを使って解説していきます。

●組み立てキット(プリント基板キット)

ブレッドボードを使わず、「プリント基板」にハンダ付けをして組み立てるキットです。

●組み立て済完成品

組み立てキットの完成版です。自分で組み立てる必要がなく、「キーボード」「モニタ」「ビデオケーブル」「microUSBケーブル」があれば、すぐに遊べます。

●Get Started Set

「組み立て済完成品」に加えて、「ふにゃふにゃキーボード」「ビデオケーブル」「microUSBケーブル」「IchigoJam入門テキスト」が同梱されたキットです。
モニタ以外のすべてが揃ったキットと言っていいでしょう。

図2-1 「Get Started Set」の内容

■「IchigoJam」の取り扱い店

2015年8月現在、「IchigoJam」を取り扱っているお店を一部紹介します。
「Assemblage」と「梅沢無線電機 札幌営業所」以外のお店では、通販が可能です。

●プログラミング・クラブ・ネットワーク (PCN)

「IchigoJam」の開発元です。
先述した4つのキットのほか、拡張キットであるマルチメディアボード「PanCake」や、IchigoJamで遊べるゲームも取り扱っています。

http://pcn.club

●秋月電子通商

「組み立てキット」「Get Started Set」を取り扱っています。

http://akizukidenshi.com

●アスキー・ストア

「組み立てキット」「組み立て済完成品」を取り扱っています。

http://ascii-store.jp

●マルツオンライン

「ブレッドボード・キット」「組み立てキット」「組み立て済完成品」「Get Started Set」を取り扱っています。
拡張キットである「PanCake」も販売しています。

http://www.marutsu.co.jp

●PCワンズ

「組み立てキット」「組み立て済完成品」「ブレッドボード・キット」を取り扱っています。
拡張キットである「PanCake」も販売しています。

http://www.1-s.jp

●共立エレショップ

「組み立てキット」「組み立て済完成品」「Get Started Set」を取り扱っています。
外部記憶装置として使える「EEPROMカセット」や、モニタも同梱されている「スターターフルセット」、各種の「IchigoJam電子工作パーツセット」なども販売されています。

http://eleshop.jp/shop/

● Amazon

「組み立てキット」「組み立て済完成品」「PanCake」を取り扱っています。

IchigoJam用の「アナログ・ジョイスティック」や、外部記憶装置として使える「EEPROM」なども販売しています。

```
http://www.amazon.co.jp
```

● Assemblage

店舗販売で、「組み立てキット」を取り扱っています。

こちらの店舗では、ハンダ付けスペースが解放されているので、購入したキットをその場で組み立てることもできます。

```
http://assemblage.tokyo
```

● 梅沢無線電機 札幌営業所

店頭販売で、「組み立てキット」「組み立て済完成品」「ブレッドボード・キット」を取り扱っています。

拡張キットである「PanCake」も販売しています。

```
http://www.umezawa.co.jp/sapporo/index.html
```

■ IchigoJam公式サイト

公式サイトでは、「説明書」や「コマンドリファレンス」「入門テキスト」などの公開や、各種サポートをしています。

「IchigoJam」を購入した方は、一度チェックしてみてください。

```
http://ichigojam.net
```

2-2　「ブレッドボード・キット」の組み立て

　先述した通り、「IchigoJam」には、4種類のキットが用意されていますが、そのうち「Get Started Set」と「組み立て済み完成品」には、IchigoJamの完成品が入っており、「プリント基板キット」と「ブレッドボード・キット」は、組み立てられていない状態のIchigoJamが入っています。

＊

　以降では、組み立てに簡単な「ブレッドボード・キット」を使って、実際の組み立て手順を紹介していきます。

■「ブレッドボード」とは

　「ブレッドボード」は、正しくは「ソルダーレス・ブレッドボード」(ハンダ付け不要ブレッドボード)と言います。名前の通り、ハンダ付けを必要としない電子回路基板です。

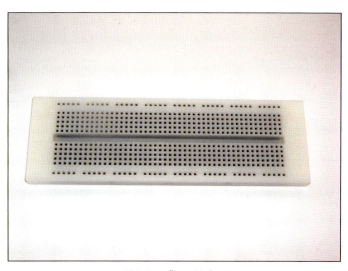

図2-2　ブレッドボード

　次ページの図2-3に示すように、「ブレッドボード」に空いている無数の穴は電気的につながっており、ここにさまざまな素子を差し込んでいくだけで電子回路を組み立てることができます。

　たとえば、縦長の枠で囲まれた部分のように、ひとつの列(ABCDE)の穴は電気的につながっています。しかし、他の列の穴(たとえば、ABCDEの隣の穴)とは絶縁されています(FGHIJも同様)。
　また、横長の枠で囲まれた部分(X行)は、すべての穴が電気的につながっています。Y行も同じですが、X行とY行は互いに絶縁されています。

第2章 「IchigoJam」を作ってみよう！

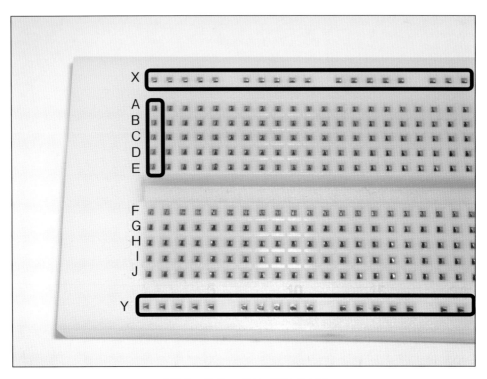

図2-3 「ブレッドボード」の拡大図

■「ブレッドボード・キット」を組み立てる

「ブレッドボード・キット」には、以下の部品が用意されています。

表2-1 「ブレッドボード・キット」に用意されている部品

部品名	数
ブレッドボード	1
マイコン　LPC1114(IchigoJam Core)	1
抵抗　100Ω(茶黒茶金)	1
抵抗　330Ω(橙橙茶金)	1
抵抗　470Ω(黄紫茶金)	1
抵抗　1MΩ(茶黒緑金)	1
コンデンサ　0.1μF	2
三端子レギュレータ	1
赤色LED	1
スライドスイッチ	1
タクトスイッチ(ボタン)	1
マイクロUSB端子	1
ビデオ端子	1
PS/2端子	1
圧電サウンダ	1
ジャンパー線(ジャンパー・ワイヤー)	15

[2-2]「ブレッドボード・キット」の組み立て

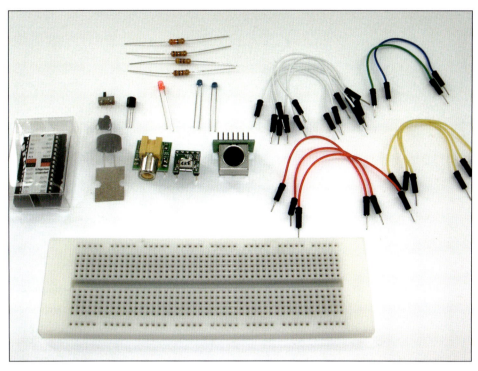

図2-4　部品の一覧

　これらの部品を使って、「IchigoJam」の電子回路を組み立てていきましょう。

＊

　「IchigoJam」の回路図は、図2-5のとおりです。

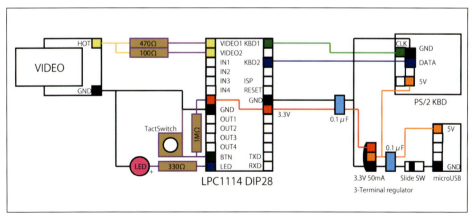

図2-5　「IchigoJam」の回路図

第2章　「IchigoJam」を作ってみよう！

【手順】「IchigoJam」（ブレッドボード・キット）の組み立て

[1]「マイコン」のはめ込み
　まずはブレッドボードの中央に「マイコン」をはめ込みます。
　マイコンの足幅が広くてはめ込みにくい場合は、定規などで押さえてやるといいでしょう。

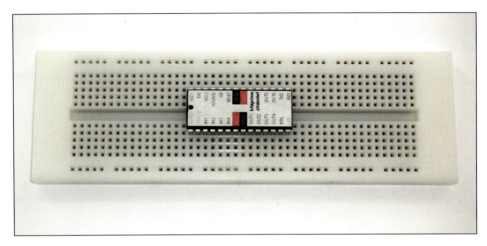

図2-6　「マイコン」をブレッドボードにはめ込む

　このマイコンを中心として、「ビデオ出力」「電源」「キーボード入力」「I/O」……といった感じで、回路を拡張していきます。

[2]ビデオ出力用の回路
　まず、ビデオ出力用の回路を作っていきます。

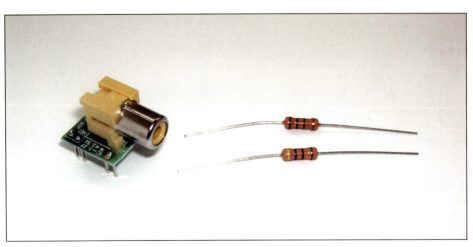

図2-7　ビデオ出力用の回路に用いる部品
これらを使って回路を作り、マイコンとつなぐ。

[2-2]「ブレッドボード・キット」の組み立て

　「ビデオ端子」をブレッドボードに取り付けます。ビデオ端子の「GND」は、ブレッドボードの「Y行」に差し込みます(「Y行」の位置は、**図2-3**を参照)。
　今後は、「Y行」を「電位0」(グランド)として扱っていきます(なお、グランドに接続することを、「接地」と言います)。

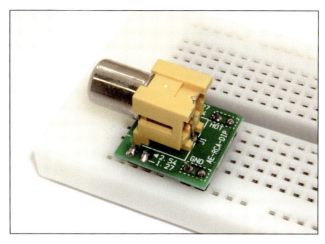

図2-8　「ビデオ端子」をブレッドボードに取り付け
「Y行」を「グランド」とする。

　ビデオ端子の「HOT」は、マイコンの「VIDEO1」「VIDEO2」と、それぞれ抵抗を介して接続します。
　このとき、抵抗の値には注意してください。「VIDEO1」には「470Ω」(黄紫茶金[※])、「VIDEO2」には「100Ω」(茶黒茶金)をつなぎます。

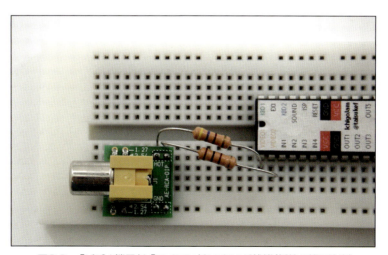

図2-9　「ビデオ端子」と「マイコン」をつないだ状態(抵抗の値に注意)

※抵抗に付いている色は、抵抗値を示す「カラーコード」と呼ばれるものです。詳しくは「抵抗、カラーコード」などで検索して出てくるサイトを参考にしてください。

第2章 「IchigoJam」を作ってみよう！

[3]電源用の回路

次に電源用の回路を作っていきます。

図2-10　電源用の回路に用いる部品

まずは、マイコン付近から組み立てていきましょう。

マイコンの「VCC」と「GND」をつなぐように、「コンデンサ0.1μF」(①)を差し込みます。

また、「GND」は、「ジャンパー線」(②)を使って「Y行」とつなぎましょう。

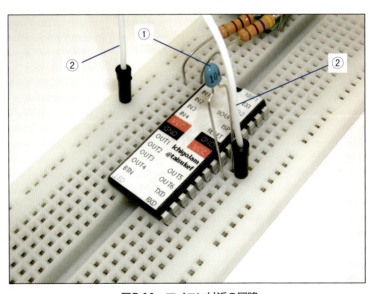

図2-11　マイコン付近の回路
「GND」は「Y行」に接地している。

[2-2]「ブレッドボード・キット」の組み立て

「VCC」にも、「ジャンパー線」(①)をつなぎます。この先に、スイッチ周辺の回路を作るので、差し込む場所には余裕をもたせましょう。

このとき、マイコンの「VCC」同士が電気的につながるように、ジャンパーワイヤーを同じ列に差し込んでください(②)。

図2-12　「VCC」にも「ジャンパー線」をつなぐ

「ジャンパー線(①②)」「タクトスイッチ(③)」「コンデンサ(④)」「三端子レギュレータ(⑤)」を、**図2-13**のように差し込みます。

特に「三端子レギュレータ」と「タクトスイッチ」は端子が3つあるので、列がズレないように注意してください。

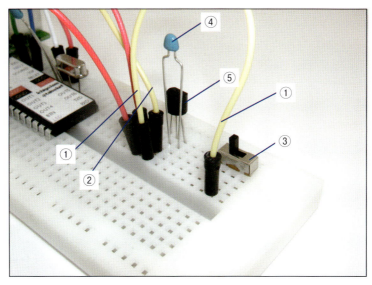

図2-13　スイッチ周辺の回路

また、「三端子レギュレータ」の足の幅は、ブレッドボードの穴の幅より小さいので、図2-14のように少し広げます。

図2-14 「三端子レギュレータ」の足を少し広げた状態
広げすぎて足を折らないように注意。

＊

続いてスイッチ周辺の回路を伸ばして、microUSB端子周辺の回路を作ります。

microUSB端子(①)の「USBの端子側」を「Y行」に差し込み、ジャンパー(②)線でスイッチ周辺の回路と接続します。それから「microUSB端子」を「Y行」に接地(③)します。

図2-15 「スイッチ周辺の回路」と「microUSB端子」をつなぐ

[2-2]「ブレッドボード・キット」の組み立て

図2-16 「microUSB端子」を接地

[4]キーボード入力用の回路

次は、キーボード入力用の回路を作ります。

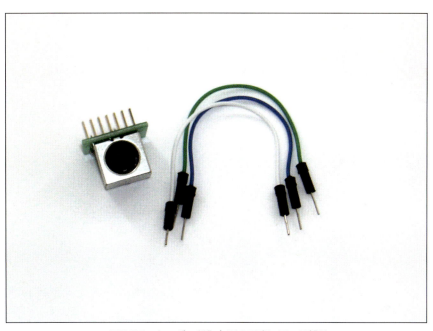

図2-17 キーボード入力用の回路に用いる部品

第2章 「IchigoJam」を作ってみよう！

　電源用の回路で使っていなかったジャンパー線(①)を伸ばし、これを「PS/2端子」(②)の「5V」の足と接続します。

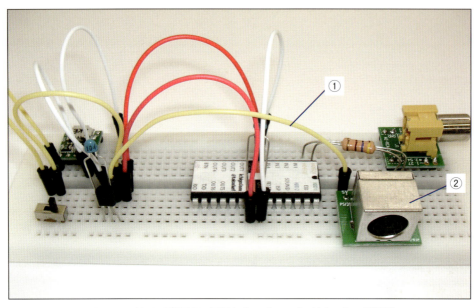

図2-18　「PS/2端子」に、電源からのジャンパー線をつないだ状態

　「PS/2端子のKBD1」と「マイコンのKBD1」(①)、「PS/2端子のKBD2」と「マイコンのKBD2」(②)を、それぞれをジャンパー線でつなぎます。
　また、「PS/2端子のGND」は「Y行」につないでください(③)。

図2-19　「PS/2端子」周辺の回路

[2-2]「ブレッドボード・キット」の組み立て

[5]ボタンとLED用の回路

次に、「ボタン」(タクトスイッチ)と「LED」をつなぎましょう。

＊

まずは、「ボタン」です。

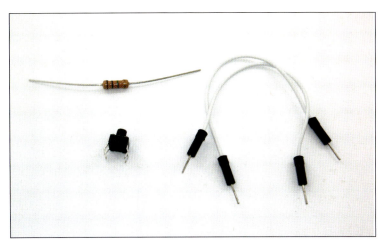

図2-20　「ボタン」の回路に用いる部品

マイコンの「VCC」と「BTN」を、「抵抗1MΩ」(茶黒緑金)でつなぎ(①)、ジャンパー線でマイコンの「BTN」と「ボタン」をつなぎます(②)。

「BTN」とつないでいないボタンの足は、「Y行」に接地しましょう(③)。

図2-21　「ボタン」周辺の回路
足をよく見て、「ボタン」の向きに注意する。

次は「LED」です。

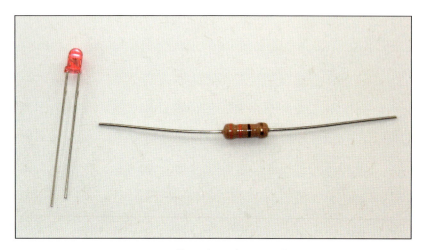

図2-22　「LED」の回路に用いる部品

　「マイコンのLED（①）」「抵抗330Ω（橙橙茶金）（②）」「LED（③）」「Y行（④）」という並びになるように、各部品をブレッドボードに差し込みます。
　「LED」は、足の長いほうを「Y行」に接地します。

図2-23　「LED」周辺の回路

[2-2]「ブレッドボード・キット」の組み立て

[6]圧電サウンダの回路

最後に「圧電サウンダ」を取り付けます。

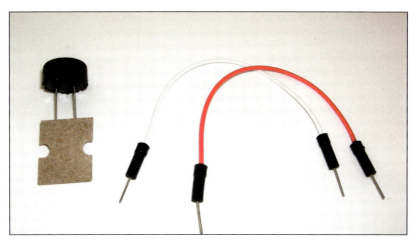

図2-24　「圧電サウンダ」の回路に用いる部品

「マイコンのSOUND」と「圧電サウンダ」(①)をジャンパー線でつなぎます(②)。

このとき、「圧電サウンダ」のどちらの端子につないでもかまいません。

もう片方の端子は、ジャンパー線で「Y行」に接地します(③)。

図2-25　「圧電サウンダ」周辺の回路

第2章　「IchigoJam」を作ってみよう！

　以上で、「IchigoJam」の組み立ては終わりです。
　「モニタ」「キーボード」「電源」をつないで、スイッチを入れてみましょう。画面が表示されたら、晴れて「IchigoJam」の完成です。

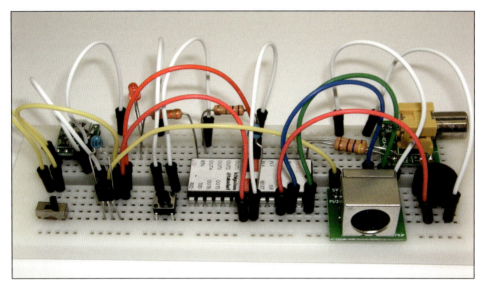

図2-26　「ブレッドボード・キット」の完成

図2-27　「IchigoJam」を起動したところ

[2-2]「ブレッドボード・キット」の組み立て

■動かないときは

きちんと組み立てたつもりでも、動かないということはよくあります。

そこで、作業の上で失敗しやすいポイントをいくつか紹介します。動かなかった場合は、これらの点を確認してみてください。

●周辺機器との接続

モニタの電源が入っているか、またモニタのチャンネルが「IchigoJam」につないだビデオ端子のものか、確認してください。

このほか、「IchigoJam」に電源がつながっているかも、確認してみましょう。

●「三端子レギュレータ」の配線

「三端子レギュレータ」には向きがあります。

平たい面を正面にしたとき、右の足が「マイコンのVCC」、真ん中が「PS/2端子」、左が「microUSB端子」とつながっているか、確認してください。

特に、「三端子レギュレータ」周辺の回路は、ジャンパー線が多くなっています。配線がズレてしまうことも考えられるので、注意してください。

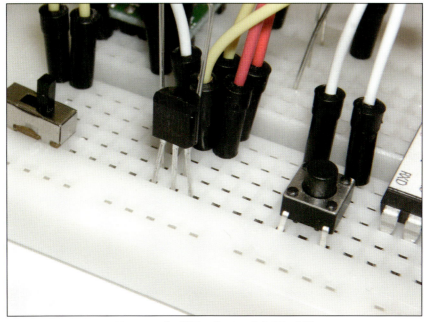

図2-28　「三端子レギュレータ」周辺の回路
「三端子レギュレータ」の向きや配線に注意。

第2章 「IchigoJam」を作ってみよう！

●「スライドスイッチ」の配線

「スライドスイッチ」には足が3つあります。このうち、真ん中の足が「三端子レギュレータ」周辺の回路とつながっているか、確認してください。

「microUSB端子」とつなぐ足は、左右のどちらでもかまいません。

●「PS/2端子」の配線

「PS/2端子」の中で使う足は「5V」「KBD1」「KBD2」「GND」の4つです。それぞれ、以下のようになっているかを確認してください。

・「5V」が「三端子レギュレータ」付近の回路とつながっているか。
・「KBD1」がマイコンの「KBD1ポート」とつながっているか。
・「KBD2」がマイコンの「KBD2ポート」とつながっているか。
・「GND」が「グランド」(Y行)とつながっているか。

●「ボタン」(タクトスイッチ)の配線

「ボタン」の足は4つあるので、向きに注意しましょう。

ジャンパー線との位置関係が、**図2-29**のようになっているか確認してください。

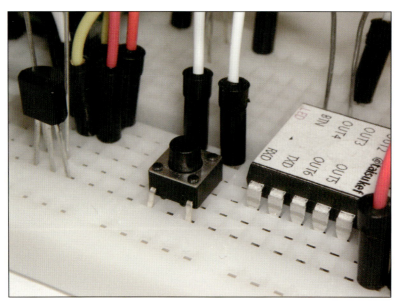

図2-29　ボタン周辺の回路
ボタンを挟んだ反対側の足とつながるようにする。

[2-2]「ブレッドボード・キット」の組み立て

●「マイコンのVIDEOポート」の配線

マイコンの「VIDEO1」に「470Ω」(黄紫茶金)、「VIDEO2」に「100Ω」(茶黒茶金)の抵抗がつながっているか、確認してください。

●「microUSB端子」の配線

「microUSB端子の2本足」のほうを、「グランド」(Y行)に挿しているか、確認してください。

また、「USBの端子」を正面にしたとき、「右奥の足」が「スイッチ周辺の回路」とつながっているか、「左奥の足」が「グランド」(Y行)とつながっているかを、確認してください。

■「組み立てキット」(プリント基板キット)の組み立て

「組み立てキット」は、「ブレッドボード・キット」とは違い、組み立てにはハンダ付けの道具が必要になります。

ただし、部品は多くありませんし、プリント基板上に各部品の向きなども記述されています。

組み立ても難しいものではないので、初めての人でも1時間ほどで組み立てることができるでしょう。

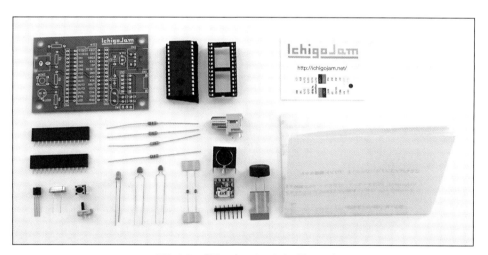

図2-30　「組み立てキット」の部品一覧

「組み立てキット」は、「ブレッドボード・キット」の半分の大きさしかありません。

第1章で述べたように、「IchigoJam」はほかの素子や機器と組み合わせて使うこともできるので、小さいことは「拡張性」という点でメリットになります。

第2章 「IchigoJam」を作ってみよう！

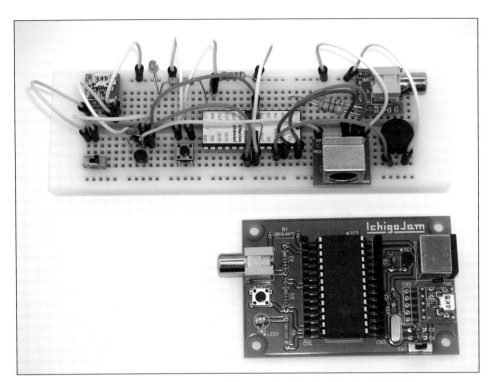

図2-31　「組み立てキット」と「ブレッドボード・キット」の大きさの比較

　また、「組み立てキット」は、各部品をしっかりと固定でき、外れる心配がないというメリットがあります。

　対して「ブレッドボード・キット」は、あとから部品の付け替えが簡単にできる一方で、部品が簡単に取れてしまうというデメリットもあります。特にスイッチのような頻繁に触れる部品は外れてしまいやすいので、注意が必要でしょう。

第3章

BASICでプログラミング

組み立てが終わり、モニタとキーボードをつないで電源を入れたら、いよいよ「プログラミング」の始まりです。
「IchigoJam」のプログラミングに使う「BASIC」は、「IchigoJam」独自のコマンドが使えるようになっています。
この章では、実際にプログラムを作りながら、「IchigoJam」でのプログラミングの方法を解説します。

3-1 コマンド・モード

「コマンド・モード」とは、「IchigoJam」に入力した命令文(これを「コマンド」と言います)が即座に実行されるモードです。

コマンドの効果がすぐに分かるほか、入力した内容に間違いがあった場合は、「IchigoJam」がその場で誤りを知らせてくれるので、容易に修正できます。

まずは、この「コマンド・モード」を使って、「IchigoJam」を動かしてみましょう。

■Hello World

「コマンド・モード」でプログラミングするには、「IchigoJam」の電源を入れる――これだけで準備はOKです。

あとはプログラムを書いてEnterキーを押せば、処理が実行されます。

図3-1 「IchigoJam」の起動メッセージ画面

＊

それでは、**第1章**で紹介した世界一有名なプログラム、「Hello world」を作ってみましょう。

リスト3-1を入力し、Enterキーを押してください。

【リスト3-1】「Hello world」プログラム

```
PRINT "HELLO, WORLD!"
```

画面上に「HELLO, WORLD!」の文字が表示され、その後にコマンドの処理が成功したことを意味する「OK」の文字が出ましたか？

成功したのであれば、あなたはその瞬間からプログラマーです。

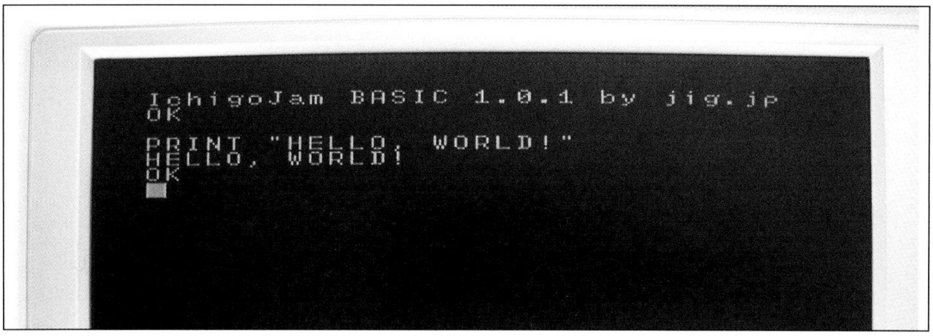

図3-2　「Hello world」の実行結果

リスト3-1のプログラムには、次のような意味があります。

PRINT	文字列を画面に表示するコマンド。このコマンドの後に続く文字列を、画面に表示する。
"HELLO, WORLD!"	「ダブルクォーテーション」(")で挟んだ部分が、文字列として扱われる。

「PRINT」はBASICの標準的なコマンドであり、IchigoJamプログラミングの中でも特に重要なものです。

画面に何かを表示したい、画面の表示を変更したいといったときには、たいていこの「PRINT」コマンドを使うことになります。

■「LEDライト」を光らせる

次は、「IchigoJam」特有のコマンドを使ってみましょう。

リスト3-2は、「IchigoJam」の「LEDライト」を光らせるプログラムです。

【リスト3-2】「LEDライト」を光らせるプログラム

```
LED 1
```

回路に間違いがなければ、このプログラムで「LEDライト」が光ります。

第3章 BASICでプログラミング

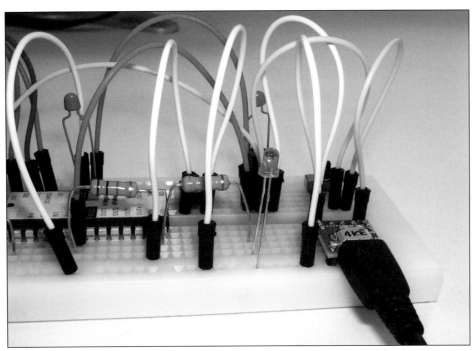

図3-3 「LEDライト」が点灯

「LED」コマンドには、次のような意味があります。

LED	「LEDライト」の状態を変えるコマンド。このコマンドの後に続く数字で、光らせるか消すかを指定する。
1	「1」ならLEDライトが光り、「0」なら消える。

あくまでもLEDの状態を変えるコマンドなので、一度光らせたら再び状態を変えるまでLEDライトは消えません。消したい場合は「LED」コマンドで、「0」を指定すればOKです。

【リスト3-3】「LEDライト」の光を消すコマンド

```
LED 0
```

■コマンドの組み合わせ

ここまでは、Enterキーを押すたびに実行されるコマンドは、1つだけでした。しかし、複数のコマンドを連続して実行することもできます。

リスト3-4は、画面に文字を表示してLEDを光らせるプログラムです。

【リスト3-4】文字を表示して、LEDライトを光らせるコマンド
```
PRINT "LED FLASH!":LED 1
```

　LEDライトを消した状態にしてから、このプログラムを実行してみてください。すると画面に「LED FLASH!」の文字が表示されて、LEDライトが光ります。

　ポイントはコマンドを連結する記号「：」です。この記号の前にあるコマンドが実行されると、続けて記号の後にあるコマンドが実行されます。

PRINT "LED FLASH!"	PRINTコマンド。
:	コマンドを連結する記号。
LED 1	LEDコマンド。

　コマンドを連結する記号は、いくつでも使うことができます。たとえば、次のようなプログラムも実行が可能です。

【リスト3-5】少し時間をおいてから、LEDライトを光らせるプログラム
```
LED 0:WAIT 120:LED 1
```

　「WAIT」は、指定したフレーム数だけ処理を待つコマンドです。
　「60フレーム＝1秒」なので、「WAIT 120」は"2秒間、処理を待つ"という意味になります。

　リスト3-5のプログラムを実行すると、LEDライトが消えたあとに2秒たってから、LEDライトが再び点灯します。
　このように、コマンドを連結する記号を使えば、複数のコマンドを実行することもできます。

■その他のコマンド
　ここでは、効果的なコマンドをいくつか紹介します。

●「CLS」コマンド
　画面に表示されている文字を、すべて消去するコマンドです。文字や数字を指定する必要はありません。

【リスト3-6】「CLS」コマンド
```
CLS
```

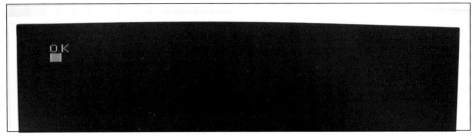

図3-4　「CLS」コマンド実行後の画面
コマンド成功を意味する「OK」の文字は表示される。

● 「RND()」コマンド

　数をランダムに返してくれるコマンドです。返される数は、「0以上、括弧の中に指定した数未満」です。
　リスト3-7では、返された数を、「PRINT」コマンドを使って画面に表示しています。

【リスト3-7】「RND()」コマンド
```
PRINT RND(10)
```

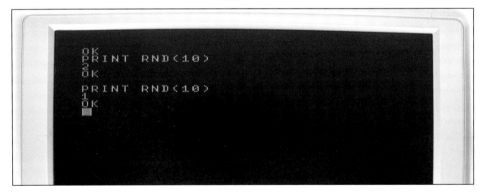

図3-5　「RND()」コマンドの実行結果
プログラムを実行するたびに、表示される結果が変わったり、変わらなかったりする。

● 「LOCATE」コマンド

　「PRINT」コマンドと組み合わせて使うコマンドで、表示する文字の位置を「座標」で指定できます。
　横座標と縦座標は、「カンマ」記号(,)で区切ります。

【リスト3-8】「PRINT」コマンドの前に連結して使う、「LOCATE」コマンド
```
LOCATE 10,10:PRINT "HELLO!"
```

図3-6 「LOCATE」コマンドと「PRINT」コマンドを組み合わせて実行した結果
横座標の0は「左端」、縦座標の0は「上端」になっている。

● 「BEEP」コマンド

「BEEP」コマンドは、「圧電サウンダ」でビープ音を鳴らすコマンドです。

コマンドのみでも音が鳴りますが、そのあとに「周期」(1〜255)と「長さ」(フレーム数で指定)を指定することもできます(「周期＋カンマ記号＋長さ」という形で指定)。

【リスト3-9】BEEPコマンド

```
BEEP 10, 60
```

その他、「IchigoJam」で使えるコマンドは、「リファレンス」としてまとめられています(**附録C**参照)。

コマンドは100種類近くあるため、すべてを憶えて使いこなせるようになるのは至難の技ですが、すべて憶えていなければプログラミングができないというものでもありません。

慣れるに従って自然とコマンドを憶えていきますし、もし忘れてしまったときはリファレンスを読み返せば問題ありません。

とりあえずは一度リファレンスに目を通して、どのようなコマンドがあるのかを眺めておくといいでしょう。

*

最後に、「コマンド・モード」の特徴をまとめておきます。

・IchigoJamはコマンドに応じて、さまざまな動きをする。
・コマンドをそのまま書いてEnterキーを押すと、コマンドが即座に実行される。
・「コマンド・モード」は1行ぶんのプログラムしか書けない。ただし、コマンドの連結記号を使って、複数のコマンドを実行することが可能。

3-2　プログラミング・モード

　ここまで見てきたように、「コマンド・モード」で実行できるプログラムは(コマンドの連結が使えるにしても)、1行だけのものに限られます。つまり、長いプログラムや複雑なプログラムを作ることはできません。
　また、「コマンド・モード」では、一度作ったプログラムを保存したり、好きなときに呼び出したりといったこともできません。
　これらの問題を解決するのが、「プログラミング・モード」です。

　「プログラミング・モード」は長いプログラムを作るためのモードで、作ったプログラムの保存や呼び出しも可能になります。
　たとえば、ゲームを作りたい、ロボットを制御したいといった場合は、必然的に長いプログラムが必要になりますが、このようなときに「プログラミング・モード」を利用します。

＊

　では、「プログラミング・モード」での、プログラムの作り方を見ていきましょう。

■「LEDライト」を光らせる

●「プログラミング・モード」で、LEDライトを光らせたあとに消す

　「コマンド・モード」で作ったLEDを光らせるプログラムを、こんどは「プログラミング・モード」で作ってみましょう。

　「コマンド・モード」と「プログラミング・モード」の違いは、最初に「行番号」を付けるかどうかだけです。
　リスト3-10の、最初の「10」が行番号です。

【リスト3-10】「プログラミング・モード」での、LEDライトを光らせるプログラム
```
10    LED 1
```

　リスト3-11を「IchigoJam」に入力したら、「コマンド・モード」のときと同じように、キーボードのEnterキーを押してみましょう。すると……何も起きません。

　「プログラミング・モード」で作ったプログラムを実行するには、「コマンド・モード」から「RUN」コマンドというものを使う必要があります。
　では、リスト3-11のように、「RUN」コマンドを実行してみましょう。

[3-2] プログラミング・モード

【リスト3-11】「コマンド・モード」で、「RUN」コマンドを実行

```
RUN
```

　LEDライトが点灯したでしょうか。このように、「プログラミング・モード」では、

①「行番号」を付けて、プログラムを書く。
②「RUN」コマンドで、プログラムを実行する。

というのが、基本的な流れになります。

＊

　長いプログラムを書きたい場合は、「行番号」を増やしていきましょう。
　たとえば、LEDライトを点けたあとに消すプログラムは、次のように書くことができます。

【リスト3-12】LEDライトを、点けたり消したりするプログラム

```
10   LED 1
20   WAIT 30
30   LED 0
```

　「RUN」で実行してみると(あらかじめLEDライトは消しておきます)、LEDライトが点灯したあとで消えるはずです。

　ところで、リスト3-12では、最初の行番号を「10」にして、以降は1行ごとに10ずつ増やしています。
　しかし、「行番号を10ずつ増やさなければならない」というルールがあるわけではなく、最初を「1」にして、以降は1ずつ増やしていくという書き方でも、プログラムは動きます。
　それでは、なぜ10ずつ増やすのか、これは後で説明します。

●「GOTO」コマンドを使って、LEDライトを点滅させる

　LEDライトを光らせるだけなら、「コマンド・モード」でも充分です。
　そこで、こんどは「プログラミング・モード」ならではのものとして、LEDライトを、「点ける→消す→点ける→消す……」と、延々と繰り返すプログラムを作ってみましょう。

　細かい理解は後回しにして、まずは次のプログラムを書き、「RUN」コマンドで実行してみましょう。

【リスト3-13】LEDライトを点滅させるプログラム

```
10   LED 1
20   WAIT 30
30   LED 0
40   WAIT 30
50   GOTO 10
```

　LEDの点滅を止めたいときは、キーボードのESCキーを押してください。プログラムの実行を中断できます。

＊

　リスト3-13のプログラムのポイントは、「GOTO」コマンドにあります。
　勘のいい方は、すでに「GOTO 10」というコマンドの意味が予想できているかもしれません。

　「GOTO」コマンドには、以下のような意味があります。

GOTO	指定した行番号から処理を再開する。
10	行番号。

　つまりリスト3-13は、

> 行番号10 → 行番号20 → 行番号30 → 行番号40 → 行番号50 → 行番号10 → 行番号20 → 行番号30 → 行番号40 → 行番号50 → 行番号10 → ……

と実行されるということです。「コマンド・モード」では、このようなプログラムを書くことはできません。

　今後は混同を避けるために、「プログラミング・モード」で書いた1行あたりのプログラムを「行プログラム」と呼ぶことにします。
　リスト3-13は、5つの「行プログラム」から出来ているプログラムということです。

■プログラムの保存と読み込み
●プログラムの保存
　「コマンド・モード」で書いたプログラムは、実行すれば消えてしまいます。
　しかし、「プログラミング・モード」で書かれたプログラムは、「IchigoJam」のRAM（保存領域）に一時的に格納され、「RUN」コマンドで何度も実行することができます。

　ただし、電源を切るとプログラムは消去されるため、プログラムを永続的に保存しておきたい場合は、「SAVE」コマンドを使いましょう。

「SAVE」コマンドは、プログラムの保存場所を指定することができ、標準では「0〜3」を使います。つまり、最大4つまでプログラムを保存することが可能です。

【リスト3-14】「コマンド・モード」で、「SAVE」コマンドを実行
```
SAVE 0
```

●プログラムの読み込み

保存したプログラムは、「LOAD」コマンドで読み込むことができます。

どこに保存されているプログラムを呼び出すかは、同じように「LOAD」のあとに、数字で指定します。

【リスト3-15】「コマンド・モード」で、「LOAD」コマンドを実行
```
LOAD 0
```

●読み込んだプログラムの確認

また、読み込まれているプログラムの内容は、「LIST」コマンドで確認できます。「LIST」コマンドも、数字を指定する方法があります(附録C参照)。

【リスト3-16】「コマンド・モード」で、「LIST」コマンドを実行
```
LIST
```

●読み込まれているプログラムの消去

読み込まれているプログラムを消去するには、「NEW」コマンドを使います。

「NEW」コマンドは、あくまでも現在読み込まれているプログラムを消去するだけです。保存されているプログラムを消去するものではありません。

【リスト3-17】「NEW」コマンドで、読み込まれているプログラムを消去
```
NEW
```

■プログラムの修正

作ったプログラムを修正したいときは、プログラムをRAMに読み込んである状態で、修正したい行プログラムを書いて、Enterキーを押せばOKです。

たとえば、**リスト3-13**のプログラムがRAMに読み込まれているとしましょう。

このとき、「LIST」コマンドを使うと、**リスト3-18**のように表示されます。

【リスト3-18】LEDライトを点滅させるプログラム

```
10  LED 1
20  WAIT 30
30  LED 0
40  WAIT 30
50  GOTO 10
```

「**行番号40**」の行プログラムを修正して、待ち時間を「60」にしたいというときは、次の行プログラムを書いてEnterキーを押します。

【リスト3-19】行プログラムの修正

```
40 WAIT 60
```

修正したら「LIST」コマンドを使って、プログラムがどうなったか確認してみましょう。

【リスト3-20】修正されたプログラム

```
10  LED 1
20  WAIT 30
30  LED 0
40  WAIT 60
50  GOTO 10
```

新しい行プログラムを追加したい場合も、同じ要領でできます。
リスト3-20で、「**行番号40**」の行プログラムのあとに、「画面にLOOP!という文字を表示する」という処理を行ないたい場合は、次のように書きます。

【リスト3-21】行プログラムの追加

```
45   PRINT "LOOP!"
```

「LIST」コマンドで確認すると、次のようなプログラムに書き換わるので、「RUN」コマンドで実行してみてください。
　LEDが点灯を繰り返すたびに、「LOOP!」という文字が画面に表示されるようになります。

[3-2] プログラミング・モード

【リスト3-22】書き換わったプログラム

```
10   LED 1
20   WAIT 30
30   LED 0
40   WAIT 60
45   PRINT "LOOP!"
50   GOTO 10
```

図3-7 「リスト3-22」のプログラムを実行した結果

●行番号を10ずつ増やす理由

ここで、「45」という数字に大きな意味はありません。「40」と「50」の行プログラムの間に、新しい行プログラムを追加したいときは、「41〜49」の数字であれば、何でもかまいません。

行番号を10ずつ増やす理由はここにあります。
もし、行番号を1ずつ増やしてしまうと、その間に新しい行プログラムを追加できませんが、10ずつ増やすようにしておけば、その間に9つの行プログラムを追加できるのです。

●行番号を付け直す

では、9つ以上の行プログラムを追加したいというときは、どうすればいいでしょうか。

このような場合は、「RENUM」コマンドを使うと、行番号を10刻みに付け直すことができます。

例として、**リスト3-22**の行番号を、「RENUM」コマンドで付け直してみましょう。

【リスト3-23】「コマンド・モード」で、「RENUM」コマンドを実行

```
RENUM
```

【リスト3-24】「RENUM」コマンドで行番号を修正したプログラム

```
10   LED 1
20   WAIT 30
30   LED 0
40   WAIT 60
50   PRINT "LOOP!"
60   GOTO 10
```

プログラムの修正後に「RENUM」コマンドを使えば、大量の行プログラムを追加するときになっても、困ることはないでしょう。

＊

ただし、「RENUM」コマンドには注意点がひとつあります。

たとえば、LEDの点滅と「LOOP!」文字の表示を繰り返す前に、一度だけ「START!」という文字を表示したいという場合は、どのように修正すればいいでしょうか。

当然、「**行番号10**」の前に行プログラムを追加してから、「RENUM」で行番号を修正する、という流れになります。

「GOTO」コマンドを使って「LED 1」の行プログラムに戻っているので、新しく追加する行番号は「5」がいいでしょう。つまり、**リスト3-25**のようになります。

【リスト3-25】LEDを点ける前に文字を表示する行プログラムを追加し、「RENUM」で行番号を修正

```
5 PRINT "START!"
RENUM
```

さて、このプログラムを実行するとどうなるでしょうか。

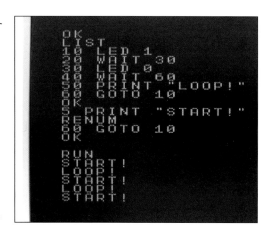

図3-8
「リスト3-26」のプログラムを実行した結果

[3-2] プログラミング・モード

　図3-8のように、「START!」の文字が何度も表示されてしまいます。
　この理由は、「LIST」コマンドを使って、プログラムの内容を確認すれば、明らかです。

【リスト3-26】リスト3-25で修正されたプログラム

```
10   PRINT "START!"
20   LED 1
30   WAIT 30
40   LED 0
50   WAIT 60
60   PRINT "LOOP!"
70   GOTO 10
```

　「GOTO」コマンドを見てみると、指定されている行番号が「10」のままになっています。
　このように、「RENUM」コマンドで修正できるのは、あくまでも行番号のみで、「GOTO」コマンドで指定している行番号は、プログラマーが自ら修正しなくてはならないため、注意しましょう。

＊

　最後に、「プログラミング・モード」の特徴を、以下にまとめておきます。

・「行番号」を付けることで、「プログラミング・モード」でコマンドを書くことができる。
・「プログラミング・モード」では、複数行のプログラムを作ることができる。
・「コマンド・モード」で実行される各種コマンドを使って、「プログラミング・モード」で書かれたプログラムの実行や保存、読込、修正ができる。
・「プログラミング・モード」と「コマンド・モード」の違いは、以下のとおり。

	コマンド・モード	プログラミング・モード
行番号	なし	あり
書ける量	1行のみ	複数行
実　行	すぐ	RUNコマンド
保　存	できない	SAVEコマンド
読　込	できない	LOADコマンド
修　正	できない	できる
行番号を指定するコマンド	使えない	使える

　これで、「IchigoJamプログラミング」の基礎の基礎は終わりです。
　「コマンド・モード」と「プログラミング・モード」の違いを、体験できたでしょうか。

3-3　「電卓プログラム」を作る

次に、プログラミングの例題として、「電卓プログラム」を作ります。
ここでは、プログラムを作るには、何から始めればいいのか、そして「変数」や「GOTO」コマンド、「IF」コマンドなど、多くのプログラムで活躍する概念の考え方や使い方を解説していきます。

■どんなプログラムを作る？

プログラムを作るときは、まず、「どんなプログラムを作るか」を決めなくてはなりません。
創作には「何ができるか分からないまま作っていく」という手順もありますが、少なくともプログラミングでは「何を作るか」を最初に決めなければ始まりません。

今回、例題として選ぶのは「電卓」です。これを「IchigoJam」を使って、作ってみましょう。

*

さあ、何を作るかも決まったところで、さっそくプログラミングを始めましょう……とはまだいきません。
必要なのは、「電卓」という名前ではなく、「何ができるか」だからです。
「何ができるか」とは「どんな機能を作るか」、つまり必要なのは、「プログラムに付けたい機能を決める」ということです。

そこで、ここでは「2つの数を使って、四則演算を行なう電卓プログラム」を作ることにしましょう。

●必要な機能を考える

さて、この「電卓プログラム」には、どのような機能が必要でしょうか。

まず、「四則演算をする機能」、ほかにも「数を入力する機能」「プラスやマイナスといった記号を入力する機能」も必要です。
"電卓で数を入力するなんて当たり前じゃないか"と思うかもしれませんが、きちんとその"当たり前"を作らなければなりません。
"当たり前"のことも含めて、プログラムにもたせたい機能を、どんどん挙げていきましょう。

プログラマーがどんなものを作りたいかによって、必要な機能は変わってきます。

[3-3]「電卓プログラム」を作る

　最終的にどのようなものが出来上がるかは、ここで列挙される機能によって決まると言ってもいいでしょう。

　今回の「2つの数を使って四則演算を行なう電卓プログラム」を作るならば、以下のような機能が必要です。

---
①1つ目の数を入力。
②計算記号を入力。
③2つ目の数を入力。
④「入力された数」と「計算記号」を使って、計算する。

　どんな機能を作るのかをハッキリさせたら、あとはプログラムで実現していくだけです。

＊

　プログラムとはコマンドの組み合わせです。そのため、プログラマーの役目は、どのコマンドをどのように組み合わせるかを考えることだとも言えるでしょう。

　プログラムを作るには、まずどのようなコマンドがあるのかを知らなければ始まりません。

　しかし、「リファレンス」を読んでもらえれば分かるように、「IchigoJam」には多くのコマンドが用意されており、すべてを覚えるのは大変です。

　そのため、最初は使えそうなコマンドをリファレンスから探しつつ、プログラムを作っていきましょう。

　慣れてくるに従って、リファレンスを見なくてもどんなコマンドを使えばいいのかが分かるようになっていきます。

＊

　それでは、リファレンスを参考にしつつ、「電卓プログラム」の機能をどのように実現していくか、1つ1つ考えてみましょう。

■1つ目の数を入力する機能

●「INPUT」コマンド

　数を入力するとなると、やはりキーボードが使えると便利です。

　リファレンスを眺めてみると、キーボードからの入力を受けつけるコマンドとして、「INPUT」が用意されています。

INPUT	キーボードから入力された数値を、指定した変数に入れる。
(文字列,)	キーボードから入力を受けつけるとき、画面に表示する文字列。
変数	キーボードから入力された数値を入れておく変数名。

なお、括弧で囲まれた部分は、書かなくても問題ありません。

*

「INPUT」コマンドが実際にどのように動くかを説明する前に、「変数」とは何かを解説しておきましょう。

「変数」とは、数値を記録しておくための「箱」のようなものです。「変数」に数値を入れておけば、あとでいつでもその数値を見ることができます（「箱」ではなく、「メモ帳」と言ってもいいでしょう）。

試しに「INPUT」コマンドを使って、「変数」がどのようなものなのかも確認してみましょう。

キーボードの「カタカナキー」（または、「右ALTキー」）を押すと、アルファベットとカタカナ（ローマ字入力）を切り替えることができます。

【リスト3-27】「INPUT」コマンドと、「変数」

```
10   A=0
20   INPUT "スウジ？ ",A
30   PRINT A
```

「行番号10」のように、「イコール」記号を使って「アルファベット1文字」と「数字」を結ぶと、そのアルファベットが「変数」となり、中に数値が入ります（イコール記号を使う代わりに、「LET A,0」と書く方法もあります）。

このように、変数に数値を入れることを、「代入」と言います。

そして、「**行番号20**」で「INPUT」コマンドを使い、変数の中にキーボードから入力された数値を代入します。

「**行番号30**」では、「PRINT」コマンドで変数を画面に表示します（「"」記号を使っていない点に注意してください。「"」記号を使うと、「変数」ではなく、「文字列」として扱われてしまいます）。

リスト3-27のプログラムを「RUN」すると、次のような画面が表示されます。

図3-9　「リスト3-27」のプログラムを、「RUN」した画面
「INPUT」コマンドによって文字列が表示され、キーボードからの入力を待機した状態になる。

[3-3]「電卓プログラム」を作る

　「INPUT」コマンドの直前に書いた文字列が表示されましたが、「行番号30」の「PRINT」コマンドはまだ実行されていないようです（「行番号30」が実行されたら、プログラムが終了して「OK」という文字が表示されるはずです）。

＊

　次に、キーボードから数字を入力し、「Enterキー」を押します。

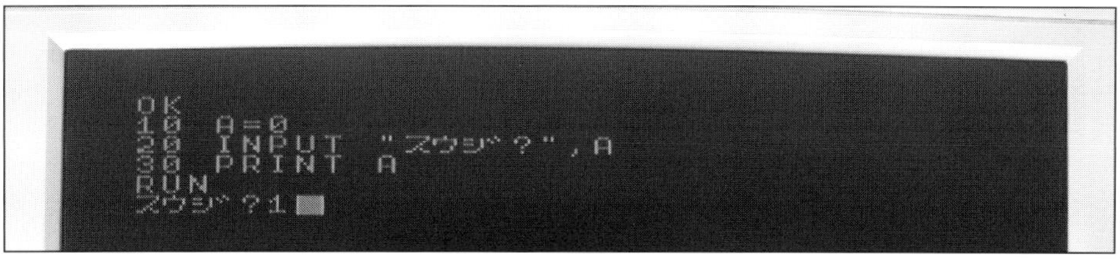

図3-10　「リスト3-27」のプログラムで、キーボードから数値を入力

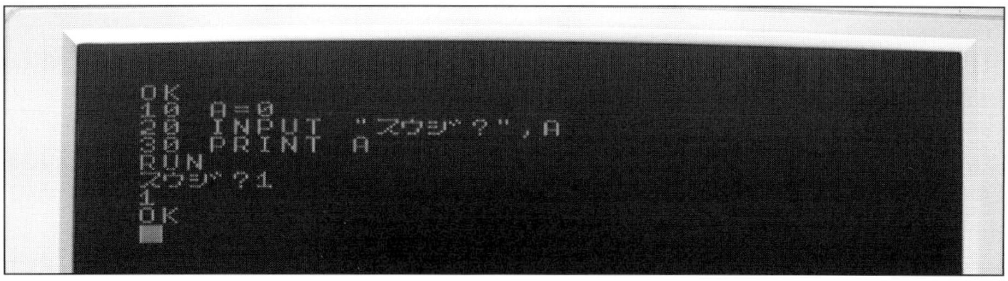

図3-11　続けて、「Enterキー」を押した結果の画面

　これで、プログラムが終了しました。つまり、「INPUT」コマンドと「変数」は、次のような動きをするということです。

・「INPUT」コマンドが実行されると、キーボードからの入力があるまで、プログラムが「待機状態」になる。
・「PRINT」コマンドで「変数」が指定されると、画面に表示されるのは「変数」の中に入っている数値である。

●「INPUT」コマンドを使った計算

　どうやら「INPUT」コマンドを使えば、「数を入力する機能」を簡単に実現できそうです。
　しかし、最終目標は「電卓」です。入力した数を変数に代入した後、これを足したり引いたりできるのでしょうか。

　リファレンスを眺めてみると、「足し算」「引き算」「掛け算」「割り算」のコマンドが用意されているのが分かります。

第3章 BASICでプログラミング

数 + 数	足し算
数 - 数	引き算
数 * 数	掛け算
数 / 数	割り算(小数点以下は切り捨て)
数 % 数	割り算した余りを返す

　問題は、これらの計算をするときに、「変数」を使っても大丈夫か、ということです。
　実際に、プログラムを作って確かめてみましょう。

【リスト3-28】変数に「10」を足した結果を表示するプログラム

```
10   A=0
20   Z=0
30   INPUT "スウジ?",A
40   Z=A+10
50   PRINT Z
```

　リスト3-28のプログラムを「RUN」して、数字を入力すると、次のような結果になります。

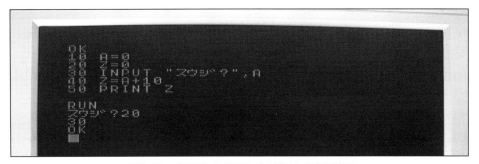

図3-12　「リスト3-28」のプログラムの実行結果

　見事に、「変数」の中に入っている数値で計算してくれました。
　つまり、「電卓」で計算する数字は、「変数」に代入しておけばOKということになります。

*

　以上で、「1つ目の数を入力する機能」を作るための材料は揃いました。**リスト3-29**が、機能を実現するプログラムです。

【リスト3-29】1つ目の数を入力する機能

```
10   A=0
20   INPUT "スウジ1ハ?",A
30   PRINT A
```

[3-3]「電卓プログラム」を作る

■「計算記号」を入力する機能

次は、「計算記号」の入力です。

これもキーボードから入力するのがいいでしょう。つまり、「INPUT」コマンドを使います。

さっそく、試しに作ってみましょう(「NEW」コマンドを使わないと、前に作ったプログラムが残っていて、変な結果になるかもしれないので、注意)。

【リスト3-30】「計算記号」を入力するプログラム？

```
10   K=0
20   INPUT "キゴウ？",K
30   PRINT K
```

リスト3-30は、リスト3-29のプログラムとほとんど同じで、変数「A」が変数「K」になり、「INPUT」コマンドで使う文字列が変わっただけです。

では、このプログラムを実行して「プラス記号」(+)を入力すると、どうなるでしょう。

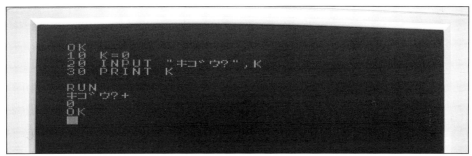

図3-13 「リスト3-30」のプログラムを実行し、記号を入力した結果。

結果として「0」が表示されてしまいました。この原因は、リファレンスで「変数」と「INPUT」コマンドについての説明を調べると、次のように書いてあります。

LET 変数,数	アルファベット1文字を「変数」として、数の値を入れる(配列に連続代入可能)。省略形は「変数＝数」。
INPUT (文字列,)変数	キーボードからの入力で、数値を「変数」に入れる。

つまり、「変数」や「INPUT」コマンドで扱えるのは数値だけなので、「プラス」記号を入力することはできないというわけです。

そのため記号をキーボードで入力するには、「INPUT」コマンドをそのまま

使うのではなく、他の方法をとらなければなりません。

●「INKEY()」コマンド

このようなときのために、キーボードから「文字」を入力するためのコマンドとして、「INKEY( )」が用意されています。

リファレンスには、次のように説明があります。

INKEY()	キーボードから1文字入力する（入力がないときは0）。

「文字」を入力できるならば、「INPUT」コマンドではなく、この「INKEY( )」コマンドを使えばいいでしょう。

リスト3-30のプログラムを、「INKEY( )」コマンドで書き直したものが、次のプログラムです。

【リスト3-31】「INKEY()」コマンドを使ったプログラム

```
10  K=0
20  PRINT "キゴウ？"
30  PRINT INKEY()
```

「( )」のついたコマンドは、一般に「数値」を返します。別の言い方をするなら、「読み取り専用の(値を入れることのできない)変数」のように扱うことが可能です。

たとえば、上のリストの**行番号30**のように書くと、キーボードからの入力に応じた値を画面に表示してくれます。

＊

リスト3-31を実行してみると、結果は次のようになります。

図3-14 「リスト3-31」のプログラムを実行した結果。

「0」が表示されて、プログラムが終了してしまいました。「0」というのはつまり、入力がないときの「INKEY( )」の結果です。

[3-3]「電卓プログラム」を作る

　プログラムがすぐに終了してしまったというところから予想できると思いますが、「INKEY( )」コマンドは「INPUT」コマンドと違って、キーボードからの入力を待ってはくれません。
　「INKEY( )」コマンドがある行プログラムが実行された瞬間に、キーボードのキーが押されていなければ、結果が「0」になります。

＊

　もちろん、特定の行コマンドが実行された瞬間を見計らって、キーボードのキーを押すのは無理があります。ですから、「INKEY( )」コマンドを使うときは、プログラムが常に「INKEY( )」コマンドを実行しているような状態にする必要があります。
　どうやるのかというと、答は「GOTO」コマンドです。「GOTO」コマンドを使えば、プログラムが終了することなく、何度も「INKEY( )」コマンドを実行するという状態を作り出せます。

【リスト3-32】常に「INKEY()」コマンドが実行されるようなプログラム

```
10   K=0
20   PRINT "キゴウ？"
30   PRINT INKEY()
40   GOTO 30
```

　リスト3-32のプログラムを実行すると、画面にたくさんの「0」が並ぶようになります。

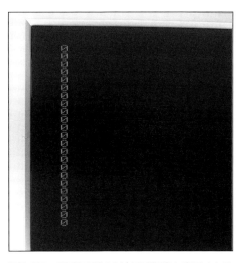

図3-15　「INKEY()」の結果が何度も表示される

　キーボードの適当なキーを押してみると、一瞬だけ「0」以外の数字が見えます。

第3章 BASICでプログラミング

図3-16 キーボードからの入力があると、一瞬だけ「0」以外の数字が表示される

● 「IF」コマンド

　以上の実行結果で、キーボードからの入力に反応しているらしいことは分かりました。しかし、「0」の表示が速すぎて、とても観察できないと思います。
　そこで、「INKEY()」の結果が「0」のときは、「PRINT」コマンドを実行しないように、次の「IF」コマンドを使って、プログラムを書き換えてみましょう。

IF 数 THEN 次 ELSE 次2	「数」が0でなければ「次」を実行し、0であれば「次2」を実行する（THEN,ELSE は省略可）。

　「IF」コマンドは、IchigoJam プログラミングの中でも、特に重要なものです。
　以下の「比較」コマンドと組み合わせて使うことで、特定の場合にだけ処理を行なう、または行なわない、といった分岐を作ることができます。
　「比較」コマンドは、主に「IF」コマンドの「数」にあたる部分で使うことになります。

数 = 数	比較して、等しいときに1を返す (== でも可)。
数 <> 数	比較して、等しくないときに1を返す (!= でも可)。
数 <= 数	比較して、以下のときに1を返す。
数 < 数	比較して、未満のときに1を返す。
数 >= 数	比較して、以上のときに1を返す。
数 > 数	比較して、より大きいときに1を返す。

＊

　それでは、実際に使ってみましょう。
　今回の場合は、「INKEY( )」の結果が「0以外」なら「PRINT」コマンドを実行

し、「0」だったら「PRINT」コマンドを実行しない、という処理を作ります。

リスト3-33　「IF」コマンドを含んだプログラム

```
10   K=0
20   PRINT "キゴウ？"
30   K=INKEY()
40   IF K<>0 THEN PRINT K ELSE
50   GOTO 30
```

「**行番号40**」の部分が、「IF」コマンドと「比較」コマンドの組み合わせです。

「IF」の後に書いた式が正しければ「THEN」の後に書かれたコマンドが実行されて、間違っていれば「ELSE」の後に書かれたコマンドが実行される[※]、というようになっています。

> ※正しくは「ELSE」のあとのコマンドが実行されるが、今回は「ELSE」の後に何もないため、何も実行されない。なお、「ELSE」の後に何もないなら、「ELSE」を省略することも可能。

リスト3-33のプログラムを実行すると、「**行番号20**」で表示される「キゴウ？」という文字列の後には何も表示されません。

これは**リスト3-32**のプログラムでは実行されていた「PRINT」コマンドが、「IF」コマンドによって、実行されなくなったためです。

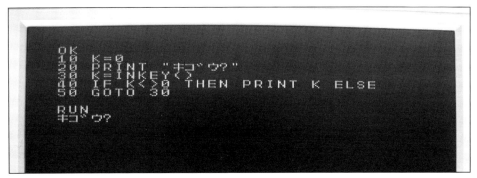

図3-17　「リスト3-33」を実行した画面
「INKEY ()」が「0」である限り、何も起きない。

プログラムの実行中にキーボードのキーを適当に押すと、「PRINT」コマンドが実行されて、画面に「INKEY( )」の結果が表示されます。

図3-18 「リスト3-33」を実行して、キーボードの「A」を押した画面

　実行結果には、「65」という数字が表示されています。他のキーを押すと、やはり数字が表示されますが、その値は押したキーによってそれぞれ異なります。
　この数字は、「文字コード」と呼ばれるものです。

　「文字コード」とは、文字を数字に置き直したもので、たとえば「A」なら「65」、「B」なら「66」というように、すべての文字に対して固有の数字が割り当てられています。

　「文字コード」と文字の対応は、「CHR$( )」コマンドと「ASC( )」コマンドで調べることができます（**附録D**参照）。

CHR$(数)	「文字コード」に対応する文字を返す（カンマ区切りで連続表記可）。
ASC("文字")	文字に対する「文字コード」を返す。

＊

　以上で、「計算記号を入力する機能」を作るための材料は揃いました。リスト3-34がこの機能を実現するプログラムです。

【リスト3-34】キーボードから計算記号を受け取るプログラム

```
10   K=0
20   PRINT "キゴウハ？"
30   K=INKEY()
40   IF K=0 THEN GOTO 30
50   PRINT CHR$(K)
```

■入力された数と計算記号を使って計算する機能

　さて、ここまでで「数を入力する機能」（**リスト3-29**）と「計算記号を入力する機能」（**リスト3-34**）が出来ました。
　残すは、「入力された数と計算記号を使って計算する機能」ですが、すでに紹介した「IF」コマンドと「ASC( )」コマンドを使えば、この機能を実現できます。

＊

　入力された1つ目の数字が変数「A」、2つ目の数字が変数「B」、入力された計算記号の文字コードが変数「K」に代入されているとします。

　「K」の値によって計算方法を変えたいので、ここは「IF」コマンドの出番です。
　文字コードがどの計算記号に対応しているかは、「ASC( )」コマンドを使って調べましょう。
　答を変数「C」に代入するとすれば、プログラムは以下のようになります。

【リスト3-35】「入力された数」と「計算記号」を使って計算するプログラム
```
10  C=0
20  IF K=ASC("+") THEN C=A+B
30  IF K=ASC("-") THEN C=A-B
40  IF K=ASC("*") THEN C=A*B
50  IF K=ASC("/") THEN C=A/B
60  PRINT "コタエハ"
70  PRINT C
```

　これで、「入力された数と計算記号を使って計算する機能」も出来上がりました。
　あとは、ここまで作ったプログラムをつなぎ合わせて、「電卓プログラム」を完成させるだけです。

■出来上がった機能を組み合わせて、「電卓プログラム」を作る

　リスト3-29、リスト3-34、リスト3-35のプログラムを組み合わせて、「電卓プログラム」を作ります。
　機能とプログラムの対応は、次のとおりです。

---
①1つ目の数を入力する機能………リスト3-29
②計算記号を入力する機能…………リスト3-34
③2つ目の数を入力する機能………リスト3-29
④「入力された数」と「計算記号」を使って計算する機能 ……リスト3-35

　ただし、そのままつなぎ合わせるのではなく、使う変数は最初にまとめて「0」を代入しておきます。
　すると、「電卓プログラム」は、次のとおりになります。

【リスト3-36】電卓プログラム

```
10  A=0
20  B=0
30  C=0
40  K=0
50  INPUT "スウジ1ハ？",A
60  PRINT A
70  PRINT "キゴウハ？"
80  K=INKEY()
90  IF K=0 THEN GOTO 80
100 PRINT CHR$(K)
110 INPUT "スウジ2ハ？",B
120 PRINT B
130 IF K=ASC("+") THEN C=A+B
140 IF K=ASC("-") THEN C=A-B
150 IF K=ASC("*") THEN C=A*B
160 IF K=ASC("/") THEN C=A/B
170 PRINT "コタエハ"
180 PRINT C
```

これで「電卓プログラム」の完成です。

試しに計算させてみましょう。正しい答が得られたでしょうか。

＊

実を言うと、この「電卓プログラム」は、ほとんどの場合では正しい答を出してくれますが、正しくない答を出すこともあります。

どのようなケースか、分かるでしょうか（答は、**附録B**参照）。

図3-19　「電卓プログラム」の実行結果

3-4 「縄跳びゲーム」を作る

次のプログラミングの例題として、「縄跳びゲーム」を作ります。
　世の中にたくさんあるゲームを見ると、作るのはとても難しそうに思えますが、そう身構えることはありません。
　確かに大作ゲームとなれば作るのはとても大変で難しいでしょうが、ここで作るのはもっと小規模でシンプルなゲームです。

　だからといって、ゲーム作りの面白さまで小さくなるというわけではありません。
　自分で考えて自分で組み上げたプログラムが画面の動きとなって現われる面白さは、どのようなゲームでも同じです。

■キャラクターを動かす

　「電卓プログラム」を作っているとき、画面に表示される数字や記号の位置を変えたいと思うことは、ほとんどないと思います。
　しかし、ゲームを作るとなると、画面上のキャラクターを動かしたいと思う場面が多々出てくるでしょう。

　多くのゲームには、「キャラクターを動かす」という機能が備わっています。
　プレイヤーは、キャラクターを自由に動かし、邪魔をしてくる敵キャラクターをかいくぐってゴールを目指す……というのが、典型的なアクションゲームの姿です。

　そこで、まずゲームを作る前準備として、「IchigoJam」でキャラクターを動かすにはどのようなプログラムを書けばいいのかを解説します。
　あらかじめキャラクターの動かし方が分かっていれば、この後のゲーム作りがグッと理解しやすくなるでしょう。

●「LOCATE」コマンドをうまく使う

　「IchigoJam」で画像を利用するには、拡張キットであるマルチメディアボード「PanCake」が必要になります。
　そのため、「IchigoJam」のみでプログラミングを行なう場合は、キャラクターの表現に、「文字」を使うことになります（「IchigoJam」には、いくつか絵文字も用意されています）。
　ここでも、「電卓プログラム」で使った「PRINT」コマンドの出番です。

＊

　ところで、**第2章**で紹介した「LOCATE」コマンドを憶えているでしょうか。

「LOCATE」コマンドとは、次に「PRINT」コマンドが実行されたとき、「画面のどこに文字を表示するか」を指定できるコマンドです。

「電卓プログラム」では省略されていましたが、一般に「PRINT」コマンドは「LOCATE」コマンドと組み合わせて使います。

【リスト3-37】「LOCATE」コマンドと「PRINT」コマンドの使用例

```
10    LOCATE 10,10:PRINT "@"
```

文字で表わしたキャラクターを移動させるということは、「LOCATE」コマンドで指定する2つの数値を変更してから、「PRINT」コマンドを使う、ということになります。

しかし、数値を変えただけの「LOCATE」コマンドをいくつもプログラムに書くのは、非常に手間がかかり、実用的ではありません。

そこで、「LOCATE」コマンドで指定する数値として、「変数」を用います。

【リスト3-38】「変数」を用いた「LOCATE」コマンドの使用例

```
10    X=10:Y=10:
20    LOCATE X,Y:PRINT "@"
```

こうすれば、「X」と「Y」の値を変更するプログラムを追加することで、文字「"@"」の表示位置を変更することができます。

●キャラクターの位置を変化させる

たとえば、「GOTO」コマンドを使って、「@」の位置をどんどん変化させていくプログラムを書いてみましょう。

【リスト3-39】文字の位置を変化させていくプログラム

```
10    X=10:Y=10
20    X=X+1:Y=Y
30    LOCATE X,Y:PRINT "@"
40    WAIT 60
50    GOTO 20
```

「行番号20」の「X＝X＋1」という書き方は奇妙に思えるかもしれません。もちろん算数や数学ならば、このような式は正しくありません。

しかし、プログラミングでは"変数Xに1を足したものを、変数Xに新たに代入する"という意味になります。変数に代入されている数値がカウントアップされるわけです。

[3-4]「縄跳びゲーム」を作る

　このような操作を、専門用語で「インクリメント」と言います(逆に「X=X−1」のようにカウントダウンするような操作は、「デクリメント」と言います)。

＊

　リスト3-39のプログラムを「RUN」コマンドで実行すると、次のような画面になります。

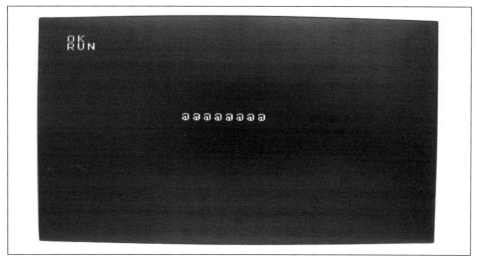

図3-20　「リスト3-39」の実行結果

　時間が経つにつれて、画面右下に文字「@」が続いていき、画面右端にまで来ると、それ以上変化しなくなります。
　変化しなくなるのは、「IchigoJam」の画面の座標は右端が「31」となっており、これを超える値を「LOCATE」コマンドで指定すると、すべて「31」として扱われるためです。

●変化前の文字を消す

　リスト3-39のプログラムでは、新しい「@」が次々に表示されるので、移動しているように見えません。そこで、新しく文字が表示される前に、古い文字を消すようにプログラムを修正してみましょう。

【リスト3-40】「" "」で古い文字を上書きしてから、新しい文字を表示するプログラム
```
10   X=10:Y=10
20   X=X+1:Y=Y
25   LOCATE X-1,Y:PRINT " "
30   LOCATE X,Y:PRINT "@"
40   WAIT 60
50   GOTO 20
```

「**行番号25**」で古い文字の位置に「" "」(スペース)を上書きしています。
このプログラムを実行すると、「@」が移動しているように見えるようになります。

なお、「" "」を「PRINT」するのではなくて、画面上の文字をすべて消す「CLS」コマンドを使うという方法もあります。

【リスト3-41】「CLS」プログラムで古い文字を消してから、新しい文字を表示するプログラム

```
10   X=10:Y=10
20   X=X+1:Y=Y
30   CLS
40   LOCATE X,Y:PRINT "@"
50   WAIT 60
60   GOTO 20
```

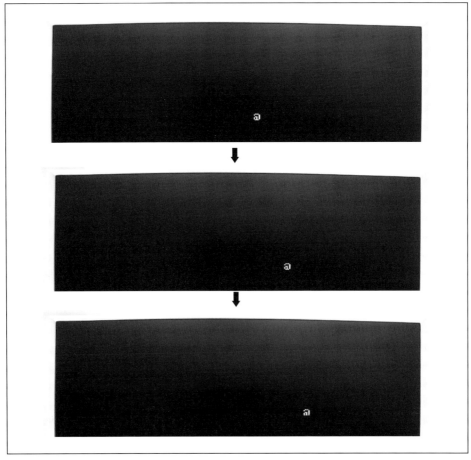

図3-21　キャラクターが移動していく

[3-4]「縄跳びゲーム」を作る

●キャラクターを操作する

次は、自分でキャラクターを動かしてみましょう。

これには「IF」コマンドと「INKEY( )」コマンドを使って、キーボードの「上キー」が押されたらキャラクターが上に、同様に「下キー」なら下に、「右キー」なら右、「左キー」なら左に移動するようなプログラムを作ります。

上キーを押したときの「INKEY( )」の値は「30」、下キーなら「31」、右キーなら「29」、左キーなら「28」です。

「縦方向の座標」の数値は画面の下に行くほど大きくなり、「横方向の座標」の数値は画面の右に行くほど大きくなるという点に注意してください。

【リスト3-42】キーボードでキャラクターの位置を動かすプログラム

```
10   X=10:Y=10
20   K=INKEY()
30   IF K=30 THEN Y=Y-1
40   IF K=31 THEN Y=Y+1
50   IF K=29 THEN X=X+1
60   IF K=28 THEN X=X-1
70   CLS
80   LOCATE X,Y:PRINT "@"
90   GOTO 20
```

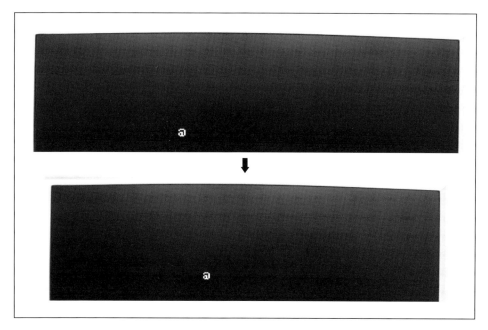

図3-22　キーボード操作でキャラクターが動く

＊

以上のように、「LOCATE」コマンド、「GOTO」コマンド、「変数」を組み合わせることで、動くキャラクターを作り出すことができます。

一般的には、キャラクターを動かすプログラムは、次のような形になるでしょう。

①位置を表わす変数を処理。
②古いキャラクターを消去。
③「LOCATE」コマンドと「PRINT」コマンドで、キャラクターを表示。
④「GOTO」コマンドで、位置を表わす変数の処理に戻る。

■どんなゲームを作るか決める

「動くキャラクター」の作り方が分かったところで、ゲーム作りを始めていきましょう。

「電卓」でも「ゲーム」でも、どんな機能を作るかをハッキリさせてから実際にプログラムで機能を実現する、という順序に変わりはありません。

まずは、「どんなゲームを作るか?」「ゲームのために必要な機能は何か?」を考えるところから始めていきます。

ここでは例として、「縄跳びさっちゃん」というゲームを作っていきます。

●完成品で遊んでみよう

「縄跳びさっちゃん」は、「プログラミング・クラブ・ネットワーク」が開発したIchigoJam用のゲームです。プログラムもWebページ (http://pcn.club/ns/diprogram.html)に公開されています。

※このプログラムは「クリエイティブ・コモンズ 表示 4.0 国際ライセンス」の下に提供されています。同ライセンスについては、「http://creativecommons.org/licenses/by/4.0/」を参照してください。

＊

まずは、このプログラムを手元の「IchigoJam」に打ち込んで、実際に遊んでみましょう。

キーボードの「Spaceキー」を押すと、キャラクターがジャンプします。

【リスト3-44】「縄跳びさっちゃん」のプログラム

```
10   Y=25:V=99:X=17:U=5:S=0
20   IF V!=99 Y=Y+V:V=V+1
30   IF 25<Y Y=25:V=99:S=S+1
40   X=X+U
50   IF 17<X U=U-1
```

[3-4]「縄跳びゲーム」を作る

```
60  IF X<17 U=U+1
70  K=INKEY()
80  IF K=32 V=-3
90  CLS
100 LOCATE 17,Y:PRINT"@"
110 LOCATE X,25:PRINT"-"
120 LOCATE 0,0:PRINT"SCORE:";S
130 IF (Y=25)*(X=17) END
140 WAIT 2
150 GOTO 20
```

図3-23 「縄跳びさっちゃん」の実行画面
「@」のキャラクターを「Spaceキー」でジャンプさせて、縄を避けるゲーム。

　リスト3-44に使われているコマンドのほとんどは、すでに解説したものです。
　プログラムを打ち込んでいくだけで、どんなゲームが出来上がるか分かる人もいるのではないでしょうか。

●「縄跳びさっちゃん」の機能

　「縄跳びさっちゃん」を遊んだところで、このゲームの特徴を抜き出してみましょう。
　画面上に何が表示されているか、表示されているキャラクターはどのような動きをするか、表示されている文字が変化するのはどんなときか……。
　さまざまな点に着目してみると、「縄跳びさっちゃん」は次に挙げるような特徴をもっていることが分かります。

第3章 BASICでプログラミング

- 「@」は、「Spaceキー」を押すと上に移動した後、下に移動する。
- 「-」は、画面の左右を往復する。
- 「@」は、文字「-」より下には行かない。
- 「Spaceキー」を押した後に、「@」がいちばん下まで行くと、「SCORE:」の後にある数字がカウントアップされる。
- 「@」と「-」が同じ位置にくると、プログラムが終了する。

　このように書くと分かりにくいですが、これはタイトルの通り、「縄跳びゲーム」です。
　「@」を「さっちゃん」、「－」を「縄」とすると、より分かりやすくなるでしょう。

- 「さっちゃん」は、「Spaceキー」でジャンプする。
- 「縄」は画面の左右を往復する。
- 「SCORE」は「縄」を跳んだ回数を数えている。
- 「さっちゃん」が「縄」に引っかかると、ゲームオーバー。

　「縄跳びさっちゃん」の機能を挙げることができました。
　あとは「電卓プログラム」のときと同じ手順で、プログラムを作っていきましょう。各機能をプログラミングしていき、最後に1つにまとめます。

■ジャンプする「さっちゃん」

　まずは、「Spaceキーを押すとジャンプするさっちゃん」を作りましょう。
　「キャラクターを動かす」(p.63)で解説したように、キャラクターを動かすプログラムは、次のようになっています。

①「位置を表わす変数」を処理。
②古いキャラクターを消去。
③「LOCATE」コマンドと「PRINT」コマンドで、キャラクターを表示。
④「GOTO」コマンドで、位置を表わす変数の処理に戻る。

　「さっちゃん」はその場でジャンプするだけで、左右には動きません。
　そのため、横の位置を表わす変数は使わなくてもいいでしょう。「さっちゃん」は、いつも横方向「16」の位置にいるとします。

●プログラムの予想

　「さっちゃん」の縦の位置を変数「Y」で表わすと、ジャンプする「さっちゃん」のプログラムは、次のような形になると予想できます。

[3-4]「縄跳びゲーム」を作る

【リスト3-45】ジャンプする「さっちゃん」のプログラム(予想①)

```
10  Y=20
20  (Yを処理するプログラム)
30  CLS
40  LOCATE 16,Y:PRINT "@"
50  GOTO 20
```

「さっちゃん」をジャンプさせるには、「行番号20」にどのようなプログラムを書けばいいでしょうか。

まずは、「Spaceキーを押すとジャンプする」という特徴を組み込んでみます。
キーボードからの入力には、「INKEY( )」コマンドを使えばいいので、次のような形になるでしょう。

【リスト3-46】ジャンプする「さっちゃん」のプログラム(予想②)

```
10  Y=20
20
22  K=INKEY()
24  IF K=ASC(" ") THEN (さっちゃんがジャンプするプログラム)
30  CLS
40  LOCATE 16,Y:PRINT "@"
50  GOTO 20
```

まだ分からない部分があるので、「行番号20」は空けておきました。

●ジャンプをプログラムで表現するには

さて、「さっちゃん」をジャンプさせるには、どうすればいいか考えます。
もちろん、「さっちゃん」の位置を移動させればいいのですが、どのように移動させるのがいいでしょうか。

このようなときは、「さっちゃん」に「速さ」をもたせると、キレイにジャンプさせることができます。
ここで言う「速さ」とは、「次にどのくらい位置を変えるかを示す数値」です。
具体的にプログラムで書くと、
`Y=Y+V`
の「V」のことです。

ジャンプした直後は、「V」が上方向に(つまりマイナスに)大きな数値になり、時間が経つと(「GOTO」コマンドで何度も行プログラムが実行されると)、

「V」はだんだん小さく(下方向に大きく)なっていく、というようにしましょう。
　つまり、次のようなプログラムです。

【リスト3-47】ジャンプする「さっちゃん」のプログラム(予想③)

```
10  Y=20:V=0
20  (さっちゃんが移動する):(さっちゃんの速さが小さくなる)
22  K=INKEY()
24  IF K=ASC(" ") THEN (さっちゃんの速さが上方向に大きくなる)
30  CLS
40  LOCATE 16,Y:PRINT "@"
50  GOTO 20
```

しかし、これでは「さっちゃん」はいつも移動することになってしまいます。
　「さっちゃん」は、地面にいるときは移動しないということを、「IF」コマンドを使ってプログラミングするべきでしょう。

【リスト3-48】ジャンプする「さっちゃん」のプログラム(予想④)

```
10  Y=20:V=0
20  IF (さっちゃんが地面にいないとき) THEN (さっちゃんが移動する):(さっちゃんの速さが小さくなる)
22  K=INKEY()
24  IF K=ASC(" ") THEN (さっちゃんの速さが上方向に大きくなる)
30  CLS
40  LOCATE 16,Y:PRINT "@"
50  GOTO 20
```

あとは、リスト3-48の日本語になっている部分を、プログラムで書き直すだけです。
　簡単なところから、順番に書き直していきましょう。

●「さっちゃん」が移動する

「さっちゃん」は速さのぶんだけ移動します。つまり、

```
Y=Y+V
```

となります。

●「さっちゃん」の速さが上方向に大きくなる

「さっちゃん」は、「V」と同じだけ移動します。
　「キャラクターを操作する」(p.67)で解説したように、上方向に移動したいときは、位置の数値を減らせばいいので、

```
V=-3
```
にしましょう。

「-3」ではなく、「-4」や「-2」でもかまいません。大事なのは、「マイナス」になっている点です。

●「さっちゃん」の速さが小さくなる

ジャンプしたときの「さっちゃん」の速さ(V)は、「-3」です。

ジャンプした直後は上に移動し、時間が経つと下に移動する(速さがプラスになる)ようにしたいので、

```
V=V+1
```
となります。

●「さっちゃん」が移動する条件

「さっちゃん」が移動するのは、どのような条件のときがいいかを考えてみましょう。

*

まず思いつくのが「空中にいるとき」という条件です。地面の位置を「20」とすると、空中にいるという条件は「Y>20」で表わすことができます。

確かに空中にいるときは、ジャンプで上昇(または下降)している途中なので、「さっちゃん」が移動するのは自然です。

しかし、「Y>20」の条件は使えません。

なぜなら、「行番号24」で書いたとおり、「さっちゃん」のジャンプは「V=-3」にするだけで、位置を変更しない(Yの値を変えるわけではない)からです。

そのため、「Y>20」を移動の条件にしてしまうと、「Spaceキー」を押しても「さっちゃん」はジャンプできなくなってしまいます。

そこで、「Vの値が変わること」を移動の条件にすれば、上手くいくはずです。

「Spaceキー」でジャンプしたとき、「さっちゃん」の速さ(V)は「0」ではなくなり、地面にいるときは、速さが「0」になって移動しなくなります。

よって、「さっちゃん」が移動する条件は、「**比較**」コマンド(p.58)を使って、

```
V<>0
```
とするのがいいでしょう。

*

以上をまとめると、「さっちゃん」がジャンプするプログラムは、次のようになります。

【リスト3-49】「さっちゃん」がジャンプするプログラム（予想⑤）

```
10  Y=20:V=0
20  IF V<>0 THEN Y=Y+V:V=V+1
22  K=INKEY()
24  IF K=ASC(" ") THEN V=-3
30  CLS
40  LOCATE 16,Y:PRINT "@"
50  GOTO 20
```

では、実際にリスト3-49を実行してみましょう。

残念ながらこのプログラムだと、「さっちゃん」はジャンプしてはくれますが、ジャンプの頂点から降りてこなくなります。

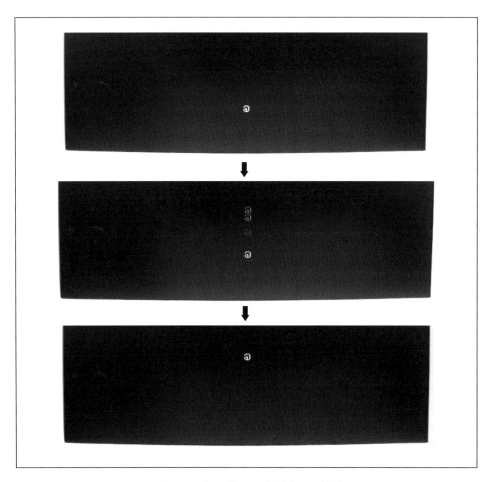

図3-24　「リスト3-49」を実行した結果

では、何が悪かったのでしょうか。

この答は、「行番号20」と「行番号24」にあります。

[3-4]「縄跳びゲーム」を作る

「Spaceキー」で「さっちゃん」がジャンプすると、「V=－3」となります。

そのあと、「GOTO」コマンドによって「行番号20」が何度も実行されると、「V」は1ずつ増えていき（インクリメントされていき）ます。

そして「V=0」となった時点で、「V<>0」の条件で、「さっちゃん」の位置(Y)も速さ(V)も変化しなくなります。

しかし、「さっちゃん」が降りてくるのは、「V」がプラスのときなのです。

＊

このように、**リスト3-49**のプログラムでは、「V」がプラスになることがないので、「さっちゃん」は地面に降りてきません。

「V」がプラスになるためには、「V=0」のときでも位置と速さが変化しなければならないのです。

では、「**行番号20**」にある「V<>0」の条件をどのように直せば、「さっちゃん」が降りてきてくれるようになるでしょうか。

●「さっちゃん」が移動する条件をもう一度考える

「V<>0」という条件だと上手くいかないのは、「V」が「さっちゃん」のジャンプ中に「0」になってしまうからです。

なので、「V」が「0」を超えて、「プラスの値」になるように、条件を設定すればいいでしょう。

たとえば、「V<>99」とすれば、「V」は「0」を超えることができるようになります。

しかしそうなると、「V」が「99」になるまで、「さっちゃん」が落下し続けることになってしまいます。

そこで、もうひとつの処理を加えます。「さっちゃん」が地面より下になったら、「V」が「99」になるというものです。

このようにすれば、「V」はプラスの値をもつので、頂点から「さっちゃん」が落ちてきますし、地面まで落ちてきた瞬間に「V=99」となって、それ以上落ちなくなります。

そして、Spaceキーを押すと「V=99」でなくなるので、再度ジャンプすることもできます。

また、地面より下に移動してそのままというのは困るので、地面より下になった時点で、「さっちゃん」の位置を地面の上に戻してやることにします。

最初は地面の上にいて動かないので、「行番号10」の「V」の数値も修正します。

＊

第3章 BASICでプログラミング

以上のことを、プログラムに書いてみましょう。

リスト3-49の「**行番号20**」を修正し、「**行番号21**」を加えたものが、リスト3-50のプログラムです。

【リスト3-50】ジャンプする「さっちゃん」のプログラム

```
10   Y=20:V=99
20   IF V<>99 THEN Y=Y+V:V=V+1
21   IF Y>20 THEN Y=20:V=99
22   K=INKEY()
24   IF K=ASC(" ") THEN V=-3
30   CLS
40   LOCATE 16,Y:PRINT "@"
50   GOTO 20
```

実行してみてください。「Spaceキー」を押すと「さっちゃん」がジャンプして、地面にまで戻ってきます。

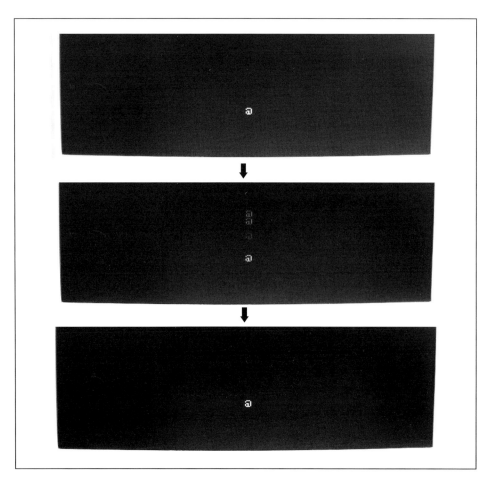

図3-25　「リスト3-50」のプログラムを実行した結果

■左右に往復する縄

これで「さっちゃん」が出来たので、次は「縄」を作ります。
「縄」は、キーボードからの入力で動きを切り替えなくてもいいので、「さっちゃん」ほど難しくはありません。

キャラクターを動かす一般的なプログラムの流れ(p.70)を、以下に再掲します。これを元にして、「縄」のプログラムを作っていきましょう。

①位置を表わす変数を処理。
②古いキャラクターを消去。
③「LOCATE」コマンドと「PRINT」コマンドで、キャラクターを表示。
④「GOTO」コマンドで、位置を表わす変数の処理に戻る。

*

「縄」の位置を表わす変数を「X」とすると、プログラムは**リスト3-51**のような形になると予想できます。

【リスト3-51】左右に往復する「縄」のプログラム(予想)

```
10   X=16
20   (Xを処理するプログラム)
30   CLS
40   LOCATE X,20:PRINT "-"
50   GOTO 20
```

●「X」を処理するプログラム

では、「行番号20」にどのようなプログラムを書いたらいいか、具体的に考えていきます。
「X」をどのように処理すれば、「縄」が往復してくれるでしょうか。

ここで、「さっちゃん」の動きを思い出してください。「速さ」(V)をどんどん変えていくことによって、「地面→空中→地面」を往復していました。
「縄」も、同じように「速さ」を設定すれば、往復の動きをしてくれるはずです。

*

次に、「さっちゃん」では「速さ」をどのように設定したか、思い出してみましょう。
「さっちゃん」の場合は、「上方向の速さ」を設定して、時間が経つほどその速さが小さくなるようにしました。
「縄」でも考え方は同じで、「右方向の速さ」を設定して、時間が経つほどその速さが小さくなるようにしましょう。

「縄の速さ」を「U」で表わすと、**リスト3-52**のような形になります。
「縄」の動きが速すぎるので、「WAIT」コマンドを使って少し動きを遅くしました。

【リスト3-52】左右に往復する「縄」のプログラム①

```
10   X=16:U=5
20   X=X+U
21   U=U-1
30   CLS
40   LOCATE X,20:PRINT "-"
50   WAIT 5
60   GOTO 20
```

リスト3-52を実行すると、「縄」が「中心→右端→中心→左端」と移動します。
　左端まで行くと動かなくなってしまいますが、これは左方向への速さが大きくなり続けているせいでしょう(「U」がマイナス方向に大きくなっているとも言えます)。
　つまり、右方向への速さを大きくする処理を加えれば、縄は左端に移動したあと、中心に戻ってくるはずです。

そこで、「縄」の位置が右半分にあるときは「U」をマイナス方向に増やし(デクリメントし)、縄の位置が左半分にあるときは「U」をプラス方向に増やす(インクリメントする)というようにします。

【リスト3-53】左右に往復する「縄」のプログラム②

```
10   X=16:U=5
20   X=X+U
21   IF X>16 THEN U=U-1
22   IF 16>X THEN U=U+1
30   CLS
40   LOCATE X,20:PRINT "-"
50   WAIT 5
60   GOTO 20
```

リスト3-53を実行してみると、見事に「縄」が左右を往復します。これで、「縄」は完成です。

[3-4]「縄跳びゲーム」を作る

図3-26　「リスト3-53」を実行した結果

■「さっちゃん」と「縄」を、同時に表示する

「さっちゃん」と「縄」のプログラムを作ったら、こんどはこれをまとめます。

まずは単純に、「さっちゃん」のプログラム(リスト3-50)の後に、「縄」のプログラム(リスト3-53)をつないで、「RENUM」コマンドを使ってみます。

すると、次のようなプログラムになります。

【リスト3-54】それぞれのプログラムを書いて、「RENUM」コマンドを実行しただけのもの
```
10  Y=20:V=99
20  IF V<>99 THEN Y=Y+V:V=V+1
30  IF Y>20 THEN Y=20:V=99
40  K=INKEY()
50  F K=ASC(" ") THEN V=-3
60  CLS
70  LOCATE 16,Y:PRINT "@"
80  GOTO 20
90  X=16:U=5
100 X=X+U
110 IF X>16 THEN U=U-1
120 IF 16>X THEN U=U+1
130 CLS
140 LOCATE X,20:PRINT "-"
150 WAIT 5
```

```
160 GOTO 20
```

当然、このままでは「さっちゃん」しか表示されません（「行番号90」より後の行プログラムは、「GOTO」コマンドのせいで実行されません）。

＊

次に、「縄」も表示されるように、**リスト3-54**を、キャラクターを動かす一般的なプログラムの流れ（p.70）と同じ形になるように並び替えます。

【リスト3-55】「リスト3-54」の行プログラムを並べ替え

```
10   Y=20:V=99
90   X=16:U=5

20   IF V<>99 THEN Y=Y+V:V=V+1
30   IF Y>20 THEN Y=20:V=99
100  X=X+U
110  IF X>16 THEN U=U-1
120  IF 16>X THEN U=U+1

40   K=INKEY()
50   IF K=ASC(" ") THEN V=-3

60   CLS
130  CLS

70   LOCATE 16,Y:PRINT "@"
140  LOCATE X,20:PRINT "-"

150  WAIT 5
80   GOTO 20
160  GOTO 20
```

どのように並べ替えたか分かりやすくするために、「行番号」は元のままにしてあります。また、役割ごとにまとまるように、空白行を入れました。

＊

ここから、さらに整理しましょう。

「CLS」コマンドや「GOTO」コマンドが2回書かれているのは意味がないので、それぞれ1つに減らします。また、変数の初期化が2行にまたがっているのも、1行にまとめてしまいましょう。

すると、以下のようなプログラムになります。

[3-4]「縄跳びゲーム」を作る

【リスト3-56】「さっちゃん」と「縄」のプログラム

```
10   Y=20:V=99:X=16:U=5
20   IF V<>99 THEN Y=Y+V:V=V+1
30   IF Y>20 THEN Y=20:V=99
40   X=X+U
50   IF X>16 THEN U=U-1
60   IF 16>X THEN U=U+1
70   K=INKEY()
80   IF K=ASC(" ") THEN V=-3
90   CLS
100  LOCATE 16,Y:PRINT "@"
110  LOCATE X,20:PRINT "-"
120  WAIT 5
130  GOTO 20
```

図3-27 「リスト3-56」の実行結果

「さっちゃん」がジャンプし、「縄」が左右に移動する。

■飛んだ回数を数える「SCORE」

続いて「スコア機能」を作り、「さっちゃん」が跳んだ回数を数えてみましょう。

この機能はとても単純です。「跳んだ回数」を代入しておく変数を用意しておき、「さっちゃん」が縄を跳び越えるたびに、変数をカウントアップ(インクリメント)して、「PRINT」コマンドで表示するだけです。

＊

ここでは、跳んだ回数を表わす変数を「S」とします。もちろん初期値は「0」です。

では、跳んだ回数はいつ増やすといいかを考えましょう。
「さっちゃん」を作ったときに、地面に着地したことを意味する「IF」コマンドを作ったことを憶えているでしょうか(**リスト3-56**の「行番号30」)。ここで跳んだ回数を増やすことにします。

最後に、「PRINT」コマンドで跳んだ回数「S」を画面に表示します。「縄」用の「PRINT」コマンドの後に書くことにします。
なお、「PRINT」コマンドには、「文字列」と「変数」を一緒に表示するという使い方もあります。跳んだ回数を表示するだけでは味気ないので、「SCORE：」という文字列も一緒に表示してみます。
「文字列」と「変数」を一緒に表示するには、「PRINT」コマンドを次のように使います。

【リスト3-57】「PRINT」コマンドを使って、「文字列」と「変数」をまとめて表示
```
PRINT "MOJI";A
```

図3-28　「PRINT」コマンドを使って、「文字列」と「変数」をまとめて表示した結果

＊

以上をまとめると、プログラムは次のようになります。

【リスト3-58】「さっちゃん」と「縄」と「跳んだ回数」のプログラム
```
10   Y=20:V=99:X=16:U=5:S=0
20   IF V<>99 THEN Y=Y+V:V=V+1
30   IF Y>20 THEN Y=20:V=99:S=S+1
40   X=X+U
50   IF X>16 THEN U=U-1
60   IF 16>X THEN U=U+1
70   K=INKEY()
80   IF K=ASC(" ") THEN V=-3
```

[3-4]「縄跳びゲーム」を作る

```
90  CLS
100 LOCATE 16,Y:PRINT "@"
110 LOCATE X,20:PRINT "-"
115 LOCATE 0,0:PRINT "SCORE:";S
120 WAIT 5
130 GOTO 20
```

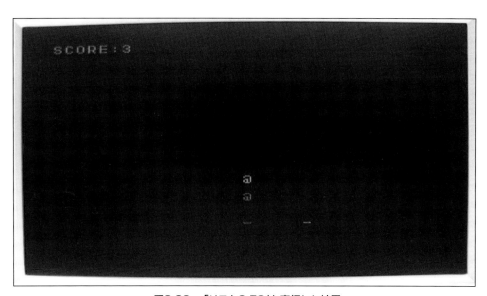

図3-29 「リスト3-58」を実行した結果
「さっちゃん」が着地するたびに、「SCORE」の値が大きくなる。

■「ゲームオーバー」を作る

　最後の仕上げとして、「さっちゃん」が「縄」に当たるとプログラムが終了し、「ゲームオーバー」になるような機能を組み込みましょう。

●「END」コマンド

　「END」コマンドを使うと、このコマンドが実行された時点でプログラムが終了します。

【リスト3-59】「END」コマンド

```
END
```

　「END」コマンドを使えば、「ゲームオーバー」になるプログラムは、次のような形になると予想できるでしょう。

【リスト3-60】「ゲームオーバー」のプログラム(予想)

```
IF (ゲームオーバーになる条件) THEN END
```

●「ゲームオーバー」の条件

問題は、「ゲームオーバー」になる条件です。どうなったら「さっちゃん」が「縄」に当たったと言えるでしょうか。

この答は、「さっちゃん」と「縄」が、同じ場所になったときです。

「さっちゃん」の縦方向の位置は変数「Y」、横方向の位置は「16」です。

また、「縄」の縦方向の位置は「20」、横方向の位置は変数「X」で表わされます。

つまり、「さっちゃん」と「縄」が同じ位置にいるということは、「Y=20」の条件と「X=16」の条件が同時に成り立つということです。

「IF」コマンドで複数の条件を扱うときは、「AND」コマンドか、「OR」コマンドを使います。

式 AND 式	両方の式が正しいときに、1を返す。
式 OR 式	どちらかの式が正しいときに、1を返す。

「AND」コマンドを使うと、「ゲームオーバー」の行プログラムは次のようになります。

【リスト3-61】「ゲームオーバー」のプログラム

```
IF (Y=20)AND(X=16) THEN END
```

このプログラムを**リスト3-58**に組み込んで、「RENUM」コマンドを使えば、「縄跳びさっちゃん」の完成です。

●「縄跳びさっちゃん」のプログラム

完成したプログラムは、次のとおりです。

【リスト3-62】「縄跳びさっちゃん」完成版

```
10  Y=20:V=99:X=16:U=5:S=0
20  IF V<>99 THEN Y=Y+V:V=V+1
30  IF Y>20 THEN Y=20:V=99:S=S+1
40  X=X+U
50  IF X>16 THEN U=U-1
60  IF 16>X THEN U=U+1
70  K=INKEY()
80  IF K=ASC(" ") THEN V=-3
90  CLS
100 LOCATE 16,Y:PRINT "@"
```

[3-4]「縄跳びゲーム」を作る

```
110 LOCATE X,20:PRINT "-"
120 LOCATE 0,0:PRINT "SCORE:";S
130 IF (Y=20)AND(X=16) THEN END
140 WAIT 5
150 GOTO 20
```

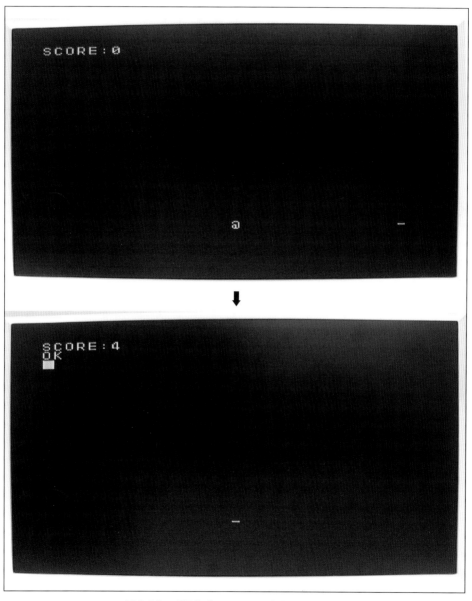

図3-30 「縄跳びさっちゃん」完成版の実行画面
「縄」に当たるとプログラムが終了する。

第4章

「汎用入出力ポート」による拡張

「IchigoJam」の魅力のひとつに、拡張性の高さがあります。
ここで言う「拡張性」とは、プログラミングによる「ソフト」での機能拡張ではなく、キーボードやボタン、モニタ以外の「ハード」(入力機器や出力機器)も使えるという意味です。
入力機器、出力機器として使えるハードは多岐に渡りますが、本章ではその一例として、さまざまな「センサ」を用いた「IchigoJam」の使い方を解説します。

第4章 「汎用入出力ポート」による拡張

4-1 「汎用入出力ポート」の使い方

　「汎用入出力ポート」とは、プログラムを使って自由に入出力を制御できる端子(ポート)です。
　「IchigoJam」は、「汎用入出力ポート」を介して、各種の電子素子と信号をやり取りすることができます。
　たとえば、「加速度センサ」を「汎用入力ポート」に接続すると、プログラムの中で加速度を扱えるようになります。

■「電子素子」の接続

　「汎用入出力ポート」と「電子素子」をつなぐには、以下のものがあると便利です。

・ジャンパー線
・ブレッドボード
・その他、電子素子に必要なパーツ

　第2章で紹介したように、「ブレッドボード」を使えば、簡単に電子回路を組み立てることができます。
　「IchigoJam」のブレッドボードとは別に、もう1枚ブレッドボードを用意し、その上に拡張したい電子素子が動作する回路を組み立てて、ジャンパー線で「IchigoJam」と接続すると便利です。
　また、「汎用入出力ポート」との接続だけではなく、接地や電源も「IchigoJam」から取るのがいいでしょう。

図4-1　「IchigoJam」の拡張例
「ブレッドボード」上に電子回路を組み立てて、「IchigoJam」本体につないでいる。
接地と電源も、「IchigoJam」から取ることができる。

ただし、「IchigoJam」の「Vcc」から得られる電圧は、「3.3V」です。これ以上の電圧が必要な機器を使う場合は、別に電源を用意しなければなりません。

また、消費電流が大きい機器をつなぐと、電力不足によって「IchigoJam」が動かなくなる場合があるので注意しましょう。

■「汎用入出力ポート」からの信号を扱うコマンド
●「ANA()」コマンド

「IchigoJam」には、「汎用入力ポート」からの信号を受け取ってプログラムの中で扱うために、「ANA()」コマンドが用意されています。

ANA(数)	外部入力の電圧(0V～3.3V)を「0～1023」の数値で返す(2:IN2、0:BTN、省略で「0」)。

「IchigoJam」には、「BTN」および「IN1～IN4」のポートが、汎用入力として備えられています。

このうち、アナログ入力が可能なものは「BTN」と「IN2」で、「ANA()」コマンドは、これらのポートからアナログ入力の値を受け取るためのものです。

数字を指定しない場合、または「0」を指定した場合は、「BTN」ポートからのアナログ入力を、「2」を指定した場合は、「IN2」ポートからのアナログ入力の値を返します。

この2つのポートは、信号の大きさを「電圧」で受け取りますが、「ANA()」コマンドで得られる数値は電圧値そのものではありません。「ANA()」コマンドの値と「電圧」には、以下の関係が成立しています。

ANA()コマンドの値 = 1023/3.3 × 電圧[V]

また、計測できる電圧は「0.0V～3.3V」の範囲に限られ、「3.3V」を超えるものはすべて「1023」として扱われます。こうなると正確な信号の大きさが分からなくなってしまうので、注意しましょう。

*

次のプログラムを使うと、ボタンからの入力信号がどうなっているのかを確認できます。

【リスト4-1】ボタンからの入力信号を確認するプログラム
```
10  PRINT ANA()
20  GOTO 10
```

第4章 「汎用入出力ポート」による拡張

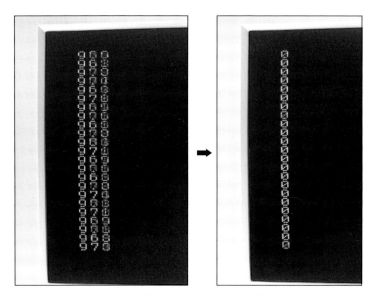

図4-2 「リスト4-3」を実行した結果
左がボタンを押していない状態。右がボタンを押している状態。

なお、「IN1」「IN3」「IN4」のポートは、アナログ入力を扱えません。たとえば、「ANA(1)」などと指定しても正しい値を取得できないので、注意してください。

●「OUT」コマンド

「汎用出力ポート」に信号を送る場合は、「OUT」コマンドを使います。

OUT 数1,数2	外部出力「OUT1～6」に、0または1を出力する。「数2」を省略で、まとめて出力することが可能。

「IchigoJam」には、「OUT1～OUT6」までの「汎用出力ポート」が備えられています。

「数1」で、出力する(1)、または出力しない(0)を指定し、「数2」に出力先を指定することで、ポートにかかる電圧を制御できます。

「数1」に「1」を指定したとき、「汎用出力ポート」には3.3Vの電圧がかかります。

*

以降で、「汎用入出力ポート」を利用した、「IchigoJam」の拡張例を紹介します。

利用する電子素子は、「LED」「照度センサ」「加速度センサ」です。これらの素子を利用するための電子回路の組み立てと、プログラムの作成の手順を解説していきます。

4-2 「LED」を組み込む

「LED」(発光ダイオード)は、電流を流すと光る電子素子です。赤、緑、黄、青など、さまざまな色があり、複数の色を発行するタイプもあります。

「IchigoJam」にも標準で付いており、「LED」コマンドを使って光らせることができるのは第3章で説明した通りです。

しかし、標準で付いているからといって、追加してはいけないという理屈はありません。そこで、「汎用出力ポート」を使って、2つ目のLEDを「IchigoJam」に組み込んでみましょう。

■作業の準備

必要な部品は、以下のとおりです。

---
①ブレッドボード×1
②ジャンパー線×2
③LED×1
④抵抗330Ω(橙橙茶金)×1

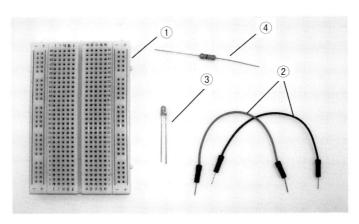

図4-3　「LED」を組み込むための部品一覧

回路は非常に簡単な形ですが、LEDの取り扱いについては、次の点に注意してください。

・LEDの向き

LEDは電流を流す向きが決まっていて、足の長い側(「アノード」と言います)を電源のプラスにつながなければなりません。

足の短い側(「カソード」と言います)に、電源のプラスをつないで大きな電

圧をかけてしまうと、LEDが壊れてしまう場合があるので、注意してください。

・電圧の大きさ

　足の長い側に電源のプラスをつないでいる場合でも、大きな電圧をかけてしまうと「LED」に流れる電流が大きくなりすぎて、壊れてしまうことがあります。

　回路に「抵抗」を組み込むのは、LEDにかかる電圧を小さくするためです。

　どの程度の電圧をかけても（電流を流しても）大丈夫かはLEDの種類にもよるので、製作会社のカタログで確認して、適切な抵抗を回路に組み込みましょう。

　たとえば、今回用意した「OSDR3133A」という3mm赤色LEDは、カタログによると、「電圧2.0V、電流20mA」であれば問題なく動くようです。

　「汎用出力ポート」は「3.3V」の電圧をもっているので、オームの法則（電流＝電圧/抵抗）を使って必要な抵抗の値を計算できます。

　抵抗をLEDと直列繋ぐと、抵抗にかかる電圧は、

| 3.3V - 2.0V = 1.3V |

となります。

　ここに「20mA」の電流を流したいのであれば、抵抗の値は、

| 1.3V / 20mA ≒ 57Ω |

となり、「60Ω」ほどの抵抗を直列につなげば問題ないということになります。

　もちろん、これよりも大きな抵抗を組み込むのも問題はありません（ただし電流が小さくなるので、LEDの光も弱くなってしまいます）。

　今回は330Ωの抵抗を使用しました。

●LED回路を組み込む

　では、図4-4のとおりに回路を作っていきましょう。

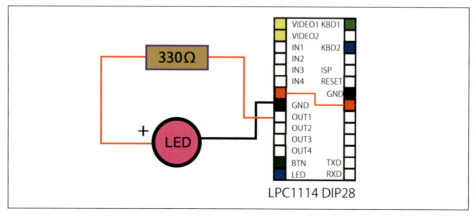

図4-4　LED側の回路図

[4-2]「LED」を組み込む

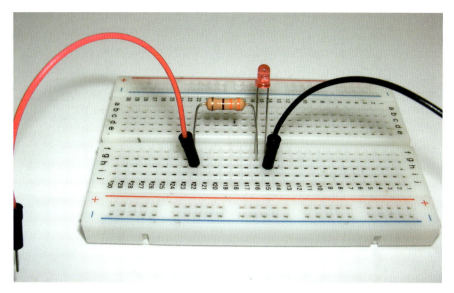

図4-5　LED側の回路

　回路が出来たら、あとはIchigoJamの「OUT」とLED回路の「抵抗側」、IchigoJamの「GND」とLED回路の「LED側」をジャンパー線でつないで完成です。

図4-6　「IchigoJam」と「LED回路」をつないだ状態
ここでは「OUT1」の汎用出力ポートにつないでいる。プリント基盤の「IchigoJam」ならマイコンの「GND端子」、「ブレッドボード・キット」ならマイコンの「GND端子」と同じ列か、「Y行」に、ジャンパー線をつなぐ。

＊

試しに、「コマンドモード」で拡張したLEDを光らせてみましょう。

【リスト4-2】「OUT」コマンドで、拡張したLEDを光らせる
```
OUT 1,1
```

【リスト4-3】「OUT」コマンドで、拡張したLEDを消す
```
OUT 0,1
```

■2way反射神経測定ゲーム

次に、拡張したLEDを使うゲームを作りたいと思います。題して「2way反射神経測定ゲーム」です。

「2way反射神経測定ゲーム」は、LEDが光ったら、できるだけ早くキーボードのキーを押すゲームです。
LEDは2つあるので、どちらが光ったかによって押すキーを変えるようにします。間違ったキーを押したり、LEDが光っていないのにキーを押すと、お手つきになるようにしましょう。

「2way反射神経測定ゲーム」には、次のような機能をもたせたいと思います。

・ランダムなタイミングで、片方のLEDを光らせる
・キーボードからの入力を受け取る
・キーボードからの入力(押すキー)が当たっているかを判定
・キーボードを押した速さを判定
・結果(押した速さ)を表示

では、上記の機能をプログラミングしていきましょう。

●ランダムなタイミングで、片方のLEDを光らせる

この機能のポイントは「ランダム」にあります。
どちらを光らせるか、いつ光らせるかをランダムに決めるには、「RND( )」コマンドを使うと便利です(p.40のリスト3-7を参照)。

また、「タイミング」ということは、「時間」が必要です。
そこで、「プログラムが実行されてから、経過した時間を数える」というプログラムを考えましょう。ただし、厳密に何秒経ったかを計る必要はありません。
このプログラムは、**リスト4-4**のようになります。

【リスト4-4】プログラムを実行してから、どのくらい経ったかを計算する
```
10  C=0
20  C=C+1
30  PRINT C
40  GOTO 20
```

変数「C」を見れば、プログラムが実行されてからどのくらい経ったかが分かります。
(正確に何秒経過したかは分かりませんが、「C」が大きくなるほど長い時間が経過したことは確かです)。

＊

もう少し具体的な形に作り込んでいきましょう。
変数「C」が、ある変数「T」と等しくなったタイミングで何かが起きるプログラムは、次のようになります。

【リスト4-5】時間が経過すると、ある時点で何かが起きるプログラム
```
10  C=0
20  C=C+1
30  IF C=T THEN (何かが起きる！)
40  GOTO 20
```

この変数「T」が「RND」コマンドで決まれば、何かが起きるタイミングもランダムになるでしょう。

【リスト4-6】ランダムなタイミングで、「何かが起きる」プログラム
```
10  C=0:T=0
15  T=RND(10)*10
20  C=C+1
30  IF C=T THEN (何かが起きる！)
40  GOTO 20
```

なお、「行番号20」から「行番号40」までが実行される時間はとても短いので、「RND」コマンドの値を10倍にして、タイミングの違いがハッキリ分かるようにしました。

＊

次に、「どちらかのLEDを光らせる」という部分を考えてみます。
「どちらのLEDが光るか」を示す変数を「L」とし、これが「1」ならばIchigoJamにもともと付いているLEDが光り、「2」ならば拡張したLEDが光ることにします。

すると、プログラムは次のようになるでしょう。

【リスト4-7】どちらかのLEDを光らせるプログラム
```
10  L=0
20  L=RND(2)+1
30  IF L=1 THEN OUT 0,1:LED 1
40  IF L=2 THEN OUT 1,1:LED 0
```

リスト4-6の「何かが起きる！」という部分をリスト4-7にすれば、「ランダムなタイミングでどちらかのLEDを光らせるプログラム」が出来上がります。

【リスト4-8】ランダムなタイミングで、どちらかのLEDを光らせるプログラム
```
10  C=0:T=0:L=0
20  T=RND(10)*10
30  C=C+1
40  IF C=T THEN L=RND(2)+1
50  IF L=1 THEN OUT 1,0:LED 1
60  IF L=2 THEN OUT 1,1:LED 0
70  GOTO 30
```

● キーボードからの入力を受け取る

この機能は、「電卓プログラム」や「縄跳びさっちゃん」でも作りました。

【リスト4-9】キーボードからの入力を受けつけるように修正
```
10  C=0:T=0:L=0
20  T=RND(10)*10
30  C=C+1
40  IF C=T THEN L=RND(2)+1
50  IF L=1 THEN OUT 1,0:LED 1
60  IF L=2 THEN OUT 1,1:LED 0
70  K=INKEY()
80  GOTO 30
```

● キーボードからの入力（押すキー）が当たっているかを判定

「IchigoJam」に付いているLEDが光った場合は「Aキー」、拡張されたLEDが光った場合は「Lキー」を押すと正解になるものとします。

リスト4-9から、どちらのLEDが光ったかは変数「L」を、どのキーが押されたかは変数「K」を見ると分かるので、これらの組み合わせから、正解か間違いかを判定できるでしょう。

変数の組み合わせと、正解か間違いかをまとめたものが、**表4-1**です。

表4-1 変数と、正解か間違いかの対応表(-は何も起きないことを示す)

	K=ASC("A")	K=ASC("L")	K=0
L=1	OK	NG	-
L=2	NG	OK	-
L=0	NG	NG	OK

「IF」コマンドと「AND」コマンドを使って表4-1をプログラムにすると、次のような形になります。

【リスト4-10】キーボードからの入力に対して、正解か間違いかを判定するプログラム(予想)

```
10   C=0:T=0:L=0
20   T=RND(10)*10
30   C=C+1
40   IF C=T THEN L=RND(2)+1
50   IF L=1 THEN OUT 1,0:LED 1
60   IF L=2 THEN OUT 1,1:LED 0
70   K=INKEY()
80   IF (K=ASC("A"))AND(L=1) THEN (正解のときの処理)
90   IF (K=ASC("L"))AND(L=2) THEN (正解のときの処理)
100  IF (K=ASC("A"))AND(L=2) THEN (間違いのときの処理)
110  IF (K=ASC("L"))AND(L=1) THEN (間違いのときの処理)
120  IF (K<>0)AND(L=0) THEN (間違いのときの処理)
130  GOTO 30
```

*

では、正解と間違いのそれぞれの処理は、具体的にどのようにするのがいいでしょうか。

このゲームは、最終的にキーボードを押した速さを判定して表示します。

正解であれば、どのくらいの速さかを表示する必要がありますし、間違いだったら、お手つきしたということを表示できればいいでしょう。

●キーボードを押した速さを判定

キーボードを押した速さを判定するのに、便利な変数があります。

それは、最初の機能で用意した変数「C」です。時間が経つほど「C」は大きくなるので、速さを表現するにはうってつけです。

速さを表わす変数を「S」とすると、具体的な値は、たとえば次のようになり

ます。これが、正解のときの処理です。

```
S=100-C
```

　また、変数「S」は単に速さを表わすだけではなく、「行番号130」にある「GOTO」コマンドの制御にも利用できます。
　キーの判定後に「行番号130」の「GOTO」コマンドで実行されると、再びキーボードからの入力を受け付けることになってしまうので、キーの判定後は「GOTO」コマンドが実行されないようにしたいと思います。

　キーを判定したら「S」の値が変化する(「S」の値が初期値でなくなる)ようにすれば、「GOTO」コマンドの制御に、変数「S」を使うことができます。
　このとき「S」の値が変化したかどうかを確実に判定するためには、「S」の初期値として「100－C」では取り得ない値を選ぶ必要があります。「C」は必ずプラスの値をもつため、「100－C」は100を超える数字にはなりません。

【リスト4-11】キーボードからの入力に対して、正解か間違いかを判定するプログラム(予想②)

```
10  C=0:T=0:L=0:S=101
20  T=RND(10)*10
30  C=C+1
40  IF C=T THEN L=RND(2)+1
50  IF L=1 THEN OUT 1,0:LED 1
60  IF L=2 THEN OUT 1,1:LED 0
70  K=INKEY()
80  IF (K=ASC("A"))AND(L=1) THEN S=100-C
90  IF (K=ASC("L"))AND(L=2) THEN S=100-C
100 IF (K=ASC("A"))AND(L=2) THEN (間違いのときの処理)
110 IF (K=ASC("L"))AND(L=1) THEN (間違いのときの処理)
120 IF (K<>0)AND(L=0) THEN (間違いのときの処理)
130 IF S=101 THEN GOTO 30
```

　変数「S」の初期値を「101」とし、初期値のときだけ「GOTO」コマンドを実行するようにしました。
　したがって、「間違いのときの処理」でも、変数「S」に値を代入しなければならないことになります。

　これによって、正解、間違いにかかわらず、変数「S」の値は初期値でなくなるわけですが、正解と間違いは確実に区別できなくてはいけません。
　初期値を設定したときと同様に考えて、間違いのときには「110」という値を「S」に代入することにします。

【リスト4-12】キーボードからの入力に対して、正解か間違いかを判定するプログラム(完成)

```
10   C=0:T=0:L=0:S=101
20   T=RND(10)*10
30   C=C+1
40   IF C=T THEN L=RND(2)+1
50   IF L=1 THEN OUT 1,0:LED 1
60   IF L=2 THEN OUT 1,1:LED 0
70   K=INKEY()
80   IF (K=ASC("A"))AND(L=1) THEN S=100-C
90   IF (K=ASC("L"))AND(L=2) THEN S=100-C
100  IF (K=ASC("A"))AND(L=2) THEN S=110
110  IF (K=ASC("L"))AND(L=1) THEN S=110
120  IF (K<>0)AND(L=0) THEN S=110
130  IF S=101 THEN GOTO 30
```

●結果を表示

最後に、結果を表示する機能を作りましょう。

*

まずは、お手つきをしてしまった場合、つまり変数「S」に「110」が代入されている場合です。

このときは、お手つきしたことを示す文章を表示して、プログラムを終了することにします。

【リスト4-13】お手つきのときの結果表示。日本語に訳すと「君はせっかちだ！」
```
140 IF S=110 THEN LOCATE 0,0:PRINT "YOU ARE HASTY!":END
```

このようにすれば、お手つきではなかった場合のときだけ、「行番号140」より先のプログラムが実行されます。

*

次に、正解の場合です。

「行番号150」では、速さを表わす変数「S」の値を表示することにします。

数値を表示するだけだと味気ないので、文章も添えてみましょう。

【リスト4-14】正しくキーを押したときの結果表示
```
150 LOCATE 0,0:PRINT "YOUR SPEED...";S
```

おまけとして、キーを押すのが遅かった場合に、文章をもうひとつ表示してみます。

【リスト4-15】キーを押すのが遅いときだけ表示される文章。日本語に訳すと「遅すぎる！」
```
160 IF S<30 THEN LOCATE 0,1:PRINT "TOO LATE!"
```

＊

以上、リスト4-12～リスト4-15を合わせたものが、「2way反射神経測定ゲーム」です。

あとは「行番号10」に「CLS」コマンドを追加し、「行番号170」で光っているLEDを消すようにして、完成とします。

【リスト4-16】「2way反射神経測定ゲーム」のプログラム
```
10  CLS:C=0:T=0:L=0:S=101
20  T=RND(10)*10
30  C=C+1
40  IF C=T THEN L=RND(2)+1
50  IF L=1 THEN OUT 1,0:LED 1
60  IF L=2 THEN OUT 1,1:LED 0
70  K=INKEY()
80  IF (K=ASC("A"))AND(L=1) THEN S=100-C
90  IF (K=ASC("L"))AND(L=2) THEN S=100-C
100 IF (K=ASC("A"))AND(L=2) THEN S=110
110 IF (K=ASC("L"))AND(L=1) THEN S=110
120 IF (K<>0)AND(L=0) THEN S=110
130 IF S=0 THEN GOTO 30
140 IF S=110 THEN LOCATE 0,0:PRINT "YOU ARE HASTY!":END
150 LOCATE 0,0:PRINT "YOUR SPEED...";S
160 IF S<30 THEN LOCATE 0,1:PRINT "TOO LATE!"
170 OUT 1,0:LED 0
```

4-3 「照度センサ」を組み込む

「照度センサ」とは、周囲の明るさを感知するセンサです。明るさに応じて信号の大きさが変化するので、自動調光する照明などに用いられています。
「汎用入力ポート」に、「照度センサ」の信号を入力すれば、プログラム上で周囲の明るさを取り扱うことができるようになります。

■作業の準備

「照度センサ」を「IchigoJam」に組み込むために必要な部品は、以下のとおりです。

①ブレッドボード×1
②ジャンパー線×3
③照度センサ(NJL7502L)×1
④抵抗×1

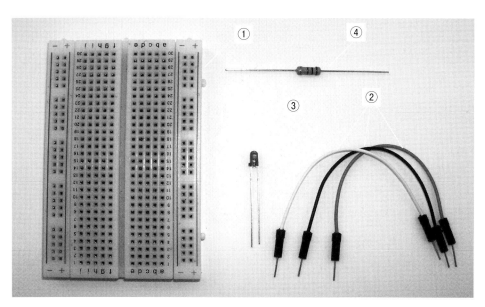

図4-7　「照度センサ」を組み込むための部品一覧

「照度センサ」用の電源は、「IchigoJam」の「Vcc」端子から取ります。
「照度センサ」も「LED」と同様に、大きな電圧をかけると素子が壊れてしまいます。「Vcc」端子の電圧は「3.3V」なので、最大定格がこれを下回るような素子は使わないでください。
ここで使う「照度センサ」(NJL7502L)は、メーカーのカタログによると最大定格(コレクタ-エミッタ間電圧)が「70V」なので、問題なく利用できます。

第4章　「汎用入出力ポート」による拡張

*

　しかし、抵抗の大きさは、センサを使う環境によって調節しなくてはいけません。

　「NJL7502」は、光の強さに応じた電流を信号として発信します。メーカーのカタログによると、100ルクスの白色LEDの光を当てると、「33μA」の電流が発生します。

　すでに解説した通り、「汎用入力ポート」にかけてもいい電圧は「3.3V」までなので、抵抗を組み込み、電圧を適度な大きさに調節する必要があります。

　仮に、「照度センサ」が「33μA」の信号を発信したとき、汎用入力ポートにかかる電圧を「1.6V」(「ANA( )」コマンドの値だと、「500」程度)にしたいという場合、抵抗の値をオームの法則(R=V/I)から計算して、

1.6V / 33μA ≒ 48kΩ

となります。

　しかし、「NJL7502」から発信される電流の大きさは、どのくらいの光を当てるかによって変わるので、一概にこれだという抵抗値はありません。

　また、「3.3V」を超えないようにするために小さな抵抗を使うと、こんどは汎用入力ポートにかかる電圧が小さくなりすぎて、信号を検出できなくなってしまいます。

　抵抗の値を決めるときは、以上の点に注意してください。
　今回は、「1MΩ」の抵抗を使っています。

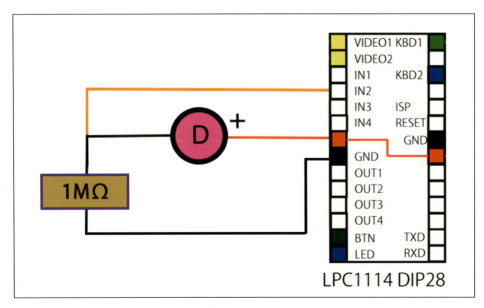

図4-8　「照度センサ」側の回路図

[4-3]「照度センサ」を組み込む

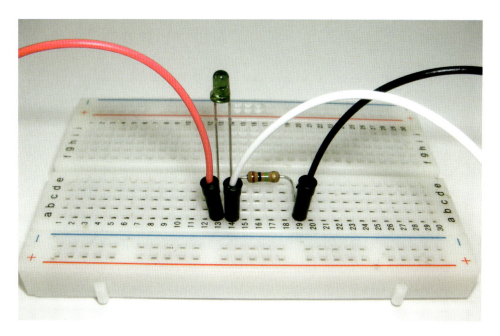

図4-9　「照度センサ」の回路

図4-10　「照度センサの回路」と「IchigoJam」をつなぐ

*

　試しに「照度センサ」からの信号を見てみましょう。
　「GOTO」コマンドを使えば、「照度センサ」からの信号が細かく変化しているのが分かります。

【リスト4-17】「照度センサ」の信号を確認するプログラム

```
10  PRINT ANA(2)
20  GOTO 10
```

「照度センサ」に覆いを被せて光を遮ると、信号が小さくなるのも確認できます。

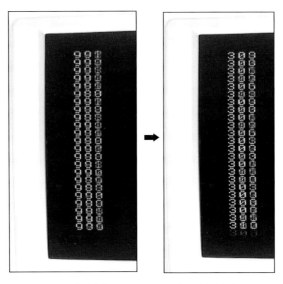

図4-11　「照度センサ」からの信号
明るいときは大きな値（左）が、暗いときは小さな値（右）を示している。

■目覚ましアラーム

「照度センサ」を活用するプログラムとして「目覚ましアラーム」を作ります。

「目覚ましアラーム」は、特定の時間に音を鳴らすのではなく、夜なのか朝なのかを「IchigoJam」に判断させて、朝になったら音を鳴らすという目覚まし時計（時計の機能はありませんが）です。
アラームを止める手段には、ボタンを押す以外の工夫も盛り込みたいと思います。

＊

今回は、次のような機能をもたせることにします。

・「照度センサ」からの値を取得
・「照度センサ」からの値に従って音を鳴らす
・アラームを止めるための「パスコード」を表示
・キーボードからの入力を受け取る
・「キーボードからの入力」が、「パスコード」と一致しているかを判定

[4-3]「照度センサ」を組み込む

●「照度センサ」からの値を取得

汎用入力ポート「IN2」につなげば、「ANA( )」コマンドを使って、「照度センサ」からの信号を取得できます。

【リスト4-18】「照度センサ」からの値を取得するプログラム

```
10   L=0
20   L=ANA(2)
```

●「照度センサ」からの値に従って音を鳴らす

音を鳴らす機能は**第3章**で解説した通り、「BEEP」コマンドを使って実現します。

朝になったら音が鳴るようにしたいので、「IF」コマンドを使って、「照度センサ」からの信号が「しきい値」を超えるときに「BEEP」コマンドを実行する、というようにします。

【リスト4-19】「照度センサ」からの値に従って、音を鳴らすプログラム

```
30   IF L>(しきい値) THEN BEEP 10,1
```

問題は、「しきい値」をどのような数値にすればいいかということです。

先述したとおり、「照度センサ」の信号の値は、光の強さや回路に組み込んだ抵抗の大きさによって変化します。

ですから、実際に「目覚ましアラーム」プログラムを使う場所で、朝になったら「照度センサ」がどのくらいの値になるかを計測し、その結果を基準にして「しきい値」を決めるといいでしょう(今回は筆者の環境に合わせて、「700」とします)。

また、「照度センサ」の値が大きい限りは音を鳴らし続けたいので、「GOTO」コマンドを使って「行番号30」を何度も実行するようにします。

【リスト4-20】「照度センサ」からの値に従って、音を鳴らし続けるプログラム

```
10   L=0
20   L=ANA(2)
30   IF L>700 THEN BEEP 10,1
40   GOTO 20
```

●アラームを止めるための「パスコード」を表示

　普通の目覚まし時計は、ボタンを押すだけで簡単に音を止めることができるので、二度寝してしまうこともあります。

　そこで「目覚ましアラーム」プログラムでは、この二度寝問題を解消するために、ボタンを押すのではなく、特定の「パスコード」を入力しなければ音が止まらないようにしましょう。

　ただ、「パスコード」が毎回同じものだと目が覚めないので、「ランダムな計算問題の答」とします。つまり、「パスコードを表示する機能」とは「ランダムな計算問題を表示する機能」とも言えます。

＊

　計算のひとつ目の数を表わす変数を「N」、ふたつ目の数の変数を「M」、答の変数を「A」とします。

　変数「N」と変数「M」をランダムに決めて、その足し算の答を「パスコード」とします。

　また、適度に計算を難しくするため、変数「N」と変数「M」の数値は最大で「400」とし、「0」にはならないようにしましょう。

【リスト4-21】アラームを止めるための「パスコード」を表示するプログラム

```
10  L=0:A=0:N=0:M=0
15  A=0:N=RND(400)+1:M=RND(400)+1
20  L=ANA(2)
30  IF L>700 THEN BEEP 10,1
35  IF A=0 THEN LOCATE 0,0:PRINT N;" + ";M;" = ?":A=N+M
40  GOTO 20
```

　しかし、これではアラームが鳴っていないときでも計算問題が表示されてしまうので、「行番号30」を次のように修正しましょう。

【リスト4-22】アラームが鳴らないときは計算問題を表示しないようにする行プログラム

```
30  IF L>700 THEN BEEP 10,1 ELSE GOTO 20
```

●キーボードからの入力を受け取る

　「パスコード」を入力できるようにするために、計算問題が表示されている間はキーボードからの入力を受けつけるようにしましょう。

＊

　リスト4-22の「ELSE」のおかげで、「行番号30」以降の行プログラムは、「照度センサ」がしきい値を超えているとき（アラームが鳴っているとき、計算問題が表示されているとき）しか実行されません。

ですので、キーボードからの入力を受け取るコマンドを、そのまま次の行に書くことができます。

さて、「INPUT」コマンドと「INKEY( )」コマンドのどちらを使うべきでしょうか。

「INPUT」コマンドを使うとプログラムが待機状態に入ってしまうので、その間、アラームが鳴らなくなってしまいます。そのため、「INKEY( )」コマンドを使うことにしましょう。

キーボードからの入力がない場合は「GOTO」コマンドを使い、プログラムの処理を「照度センサ」の値を取得するところに戻します。

【リスト4-23】キーボードから入力を受けつける行プログラム

```
36   K=INKEY()
37   IF K=0 THEN GOTO 20
```

「INKEY( )」コマンドは「INPUT」コマンドと違い、キーが押されるたびに値を取得します。ですので、2桁以上の数値をまとめて入力することはできません。

たとえば、「10」と入力したつもりでも、実際には「1」と「0」のふたつの数字が入力されたことになってしまいます。

したがって、「INKEY( )」コマンドで2桁以上の数値を扱う場合は、「入力された値から、2桁以上の数値をプログラム上で計算する」必要があります。

＊

仮に、1つ目の数字として「5」が入力されたとしましょう。

まず、この数値を適当な変数「I」に代入します。

```
I=5
```

次に2つ目の数字として「8」が入力されたとしましょう。すると、先ほどの数値「5」が10の位になり、「8」が1の位になります。

ユーザーはこの時点で「58」を入力したつもりですから、「5」と「8」を使って「58」という答が得られる計算ができればOKです。つまり、次のような計算式です。

```
5*10 + 8*1 = 58
```

「5」という数字は変数「I」に代入されているので、以下のようなプログラムを使えば、変数「I」にユーザーが入力したつもりの数を代入できます。

```
I=I*10+8
```

「INKEY( )」コマンドを使ったプログラムの形に書き直すと、**リスト4-24**のようになります。

なお、「GOTO」コマンドは、次の数値を入力するためのものです。

【リスト4-24】「INKEY()」コマンドで、2桁以上の数値を入力するプログラム①
```
36  K=INKEY()
37  IF K=0 THEN GOTO 20
38  IF K=ASC("0") THEN I=I*10+0:GOTO 20
39  IF K=ASC("1") THEN I=I*10+1:GOTO 20
40  IF K=ASC("2") THEN I=I*10+2:GOTO 20
...
```

リスト4-24では省略していますが、「K=ASC("3")」の場合、「K=ASC("4")」の場合……と「IFコマンド」を増やしていけば、「0〜9」までの数値の入力に対応できます。

10個もの「IF」コマンドを書くのは非常に面倒ですが、幸いなことに大量の「IF」コマンドを使わずにすむ方法があります。

「IchigoJam」ではキーボードの各キーに数値が割り当てられており、「INKEY( )」コマンドは押されたキーに対応する数値(文字コード)を出力します。

数字キーの文字コードは、その数字とは等しくないため、**リスト4-24**のような大量の「IF」コマンドが必要になるわけです。

しかし、0キーから9キーまでの文字コードを調べてみると、以下のように連続していることが分かります(**附録D**参照)。

表4-2 数字キーの文字コード

キー	文字コード
0	48
1	49
2	50
3	51
4	52
5	53
6	54
7	55
8	56
9	57

文字コードの値から0キーの文字コードである「48」を引いた数値が、押されたキーの数字になっています。これを利用すれば、**リスト4-24**のプログラムで、大量の「IF」コマンドを書かなくてもよくなります。

【リスト4-25】「INKEY()」コマンドで2桁以上の数値を入力するプログラム②
```
36  K=INKEY()
37  IF K=0 THEN GOTO 20
38  I=I*10+(K-ASC("0")):GOTO 20
```

数字キーの文字コードが連続していることを利用すれば、「IF」コマンドひとつだけで、「数字キー以外のキーが押されたときは変数Iに加算しない」という処理を書くことができます。

【リスト4-26】「INKEY()」コマンドで、2桁以上の数値を入力するプログラム③
```
36  K=INKEY()
37  IF K=0 THEN GOTO 20
38  IF (K>=ASC("0"))AND(K<=ASC("9")) THEN I=I*10+(K-ASC
    ("0")):GOTO 20
```

さらに、「Enterキー」が押されたときは数字の入力を終了し、「パスコード」と一致しているかを判定する処理を行なおうと思います。

【リスト4-27】「Enterキー」が押されたときに数字の入力を終了し、
　　　　　　「パスコード」と一致しているかを判定するプログラム（予想）
```
39  IF K<>10 THEN GOTO 20
40   (キーボードからの入力がパスコードと一致しているか判定する機能)
```

「行番号38」で「GOTO」コマンドを使っているので、「行番号39」が実行されるのは、数字以外のキーが押されたときだけです。

「行番号39」でも「GOTO」コマンドを使っているので、「行番号40」が実行されるのは「Enterキー」が押されたときだけになります。

●「キーボードからの入力」が、「パスコード」と一致しているかを判定
「キーボードからの入力」は変数「I」に、「パスコード」は変数「A」に代入されているので、この二つが一致しているかどうかを判定するのは簡単です。

もし不正解だったら、入力された「I」の値をリセットして、もう一度計算問題を作るところから始めることにします。

【リスト4-28】「キーボードからの入力」が「パスコード」と一致しているか判定するプログラム
```
40   IF I<>A THEN I=0:GOTO 15
```

　以上、リスト4-20、リスト4-25、リスト4-27、リスト4-28をつなぎ合わせると、次のようなプログラムが出来上がります。

【リスト4-29】つなぎ合わせただけの「目覚ましアラーム」プログラム
```
10   L=0:A=0:N=0:M=0
15   A=0:N=RND(400)+1:M=RND(400)+1
20   L=ANA(2)
30   IF L>700 THEN BEEP 10,1
35   IF A=0 THEN LOCATE 0,0:PRINT N;" + ";M;" = ?":A=N+M
40   GOTO 20
36   K=INKEY()
37   IF K=0 THEN GOTO 20
38   I=I*10+(K-ASC("0")):GOTO 20
39   IF K<>10 THEN GOTO 20
40   IF I<>A THEN I=0:GOTO 15
```

　このプログラムから余分な行プログラム(最初の「行番号40」)を消して、「RENUM」コマンドを使い、「GOTO」コマンドで指定する数を修正したものが次のプログラムです。

【リスト4-30】整理された「目覚ましアラーム」プログラム
```
10   L=0:A=0:N=0:M=0
20   A=0:N=RND(400)+1:M=RND(400)+1
30   L=ANA(2)
40   IF L>700 THEN BEEP 10,1
50   IF A=0 THEN LOCATE 0,0:PRINT N;" + ";M;" = ?":A=N+M
60   K=INKEY()
70   IF K=0 THEN GOTO 30
80   I=I*10+(K-ASC("0")):GOTO 30
90   IF K<>10 THEN GOTO 30
100  IF I<>A THEN I=0:GOTO 20
```

[4-3]「照度センサ」を組み込む

●もう少し親切に

　リスト4-30は、目覚ましアラームとして充分な機能を備えていますが、いくつか不便な点もあるので修正をしていきましょう。

・入力した数字が表示されない。
　→「行番号80」で、変数「I」を画面に表示させる。

・答を間違えても問題が変わるだけなので、間違えたことが分かりにくい。
　→「行番号100」で、間違えた場合には「"FAILED..."」と表示させる。

・アラームが鳴った後に暗くなると、アラームは止まるが、問題などは表示されたままになる。
　→「行番号40」で、変数「L」がしきい値を超えなかった場合は、「CLS」コマンドを使うようにする。

　最後に、「行番号10」に「CLS」コマンドを加えて、「目覚ましアラーム」プログラムの完成です（ESCキーでアラームを解除できることは秘密です）。

【リスト4-31】「目覚ましアラーム」のプログラム

```
10   CLS:L=0:A=0:N=0:M=0:I=0
20   A=0:N=RND(400)+1:M=RND(400)+1
30   L=ANA(2)
40   IF L>700 THEN BEEP 10,1 ELSE CLS:GOTO 20
50   IF A=0 THEN LOCATE 0,0:PRINT N;" + ";M;" = ?":A=N+M
60   K=INKEY()
70   IF K=0 THEN GOTO 30
80   IF (K>=ASC("0"))AND(K<=ASC("9")) THEN I=I*10+(K-
     ASC("0")):LOCATE 0,1:PRINT I:GOTO 30
90   IF K<>10 THEN GOTO 30
100  IF I<>A THEN LOCATE 0,2:PRINT "FAILED...":I=0:GOTO 20
```

4-4 「加速度センサ」を組み込む

「加速度センサ」は、素子にかかっている加速度を感知するセンサです。
センサ自体を素早く動かすと、その動きの勢いに応じた信号を発信します。また、重力も感知できるので、センサを傾けても信号が変化します。
最近では、多くのスマートフォンに搭載されているので、使ったことがあるという方も多いのではないでしょうか。

■作業の準備

「加速度センサ」を「IchigoJam」に組み込むために必要な部品は、以下のとおりです。

①ブレッドボード×1
②ジャンパー線×5
③加速度センサ(ADXL335)×1

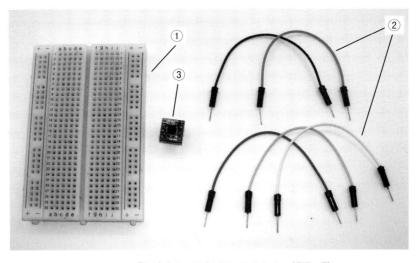

図4-12 「加速度センサ」を組み込むための部品一覧

ここで使う「加速度センサ」は、「ADXL335モジュール」です。
メーカーのカタログによると、必要な電源電圧は「1.8V～3.6V」なので、IchigoJamを電源として使えます。

また、電源電圧が「3.3V」の場合、1Gあたり(1重力加速度あたり)の出力は「330mV」、オフセット電圧(0Gのときの出力)は「1.65V」です。加速度の測定範囲は「±3G」なので、汎用入力ポートに「加速度センサ」をそのままつなぐことができます。

[4-4]「加速度センサ」を組み込む

　なお、「加速度センサ」をブレッドボードに挿すときは、モジュールの軸同士がつながってしまわないように注意してください。

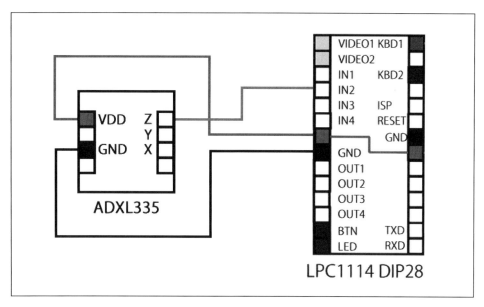

図4-13　「加速度センサ」側の回路図

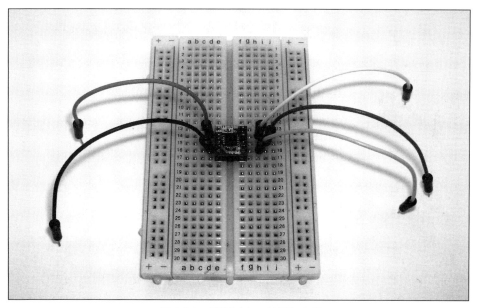

図4-14　「加速度センサ」側の回路

　「加速度センサ」には出力端子が3つ用意されています。
　この端子が加速の方向(X、Y、Z)に対応しているので、センサがどの方向に動いたかという情報も取得できます。

第4章 「汎用入出力ポート」による拡張

図4-15　「加速度センサ」と「IchigoJam」をつなぐ
センサの出力端子すべてを汎用入力ポートにつないでもいいし、必要なものだけつないでもいい。
ここではZの端子だけをつないでいる。

＊

　試しに「加速度センサ」からの信号を確認してみましょう。
　センサを傾けたり、素早く動かしたりすると、値が大きく変化します。ここではZ方向の加速度を表示するようにしました。

【リスト4-32】「加速度センサ」からの信号を確認するプログラム

```
10    PRINT "Z:";ANA(2)
20    GOTO 10
```

[4-4]「加速度センサ」を組み込む

図4-16 「リスト4-32」のプログラム実行結果
右がセンサを傾けた状態。

■「縄跳びさっちゃん」を改造しよう

　第3章で作った「縄跳びさっちゃん」は、キーボードからの入力でキャラクターを操作していました。
　ここでは、「加速度センサ」の回路が搭載されたブレッドボードを、「さっちゃん」のコントローラとして使えるように、プログラムを改造したいと思います。

＊

　リスト4-33が、「縄跳びさっちゃん」でキーボードからの入力を制御している部分です。

【リスト4-33】「縄跳びさっちゃん」で入力を制御しているプログラム(リスト3-62から抜粋)
```
70   K=INKEY()
80   IF K=ASC(" ") THEN V=-3
```

　これを「INKEY()」コマンドではなく、「ANA()コマンド」を使って入力を取るようにしてみましょう。

【リスト4-34】「さっちゃん」を「加速度センサ」の入力で操作する
```
70   K=ANA(2)
80   IF (Kをしきい値と比較) THEN V=-3
```

　「しきい値」は、コントローラをどのように操作するかによって変わってくるでしょう。

第4章 「汎用入出力ポート」による拡張

「コントローラを傾けると、さっちゃんがジャンプする」としたいのであれば、しきい値は比較的小さな値(オフセット信号に近い値)になります。

また、「コントローラを思いっきり振り回すと、さっちゃんがジャンプする」としたいならば、しきい値は大きな値(オフセット信号から遠い値)になります。

ここでは、「コントローラを傾けると、さっちゃんがジャンプする」という遊び方を採用します。

「IN2」には、「Z方向の加速度」の信号を入力できるようにします。

コントローラを傾けていないときの信号を確認すると約「630」、傾けたときは約「540」だったので、しきい値は中間の「580」とします。そして、信号がしきい値を下回ったときに、「さっちゃん」がジャンプするようにします。

【リスト4-35】コントローラを傾けて操作する「縄跳びさっちゃん」

```
10  Y=20:V=99:X=16:U=5:S=0
20  IF V<>99 THEN Y=Y+V:V=V+1 ELSE
30  IF Y>20 THEN Y=20:V=99:S=S+1
40  X=X+U
50  IF X>16 THEN U=U-1
60  IF 16>X THEN U=U+1
70  K=ANA(2)
80  IF K<580 THEN V=-3
90  CLS
100 LOCATE 16,Y:PRINT "@"
110 LOCATE X,20:PRINT "-"
120 LOCATE 0,0:PRINT "SCORE:";S
130 IF (Y=20)AND(X=16) THEN END
140 WAIT 5
150 GOTO 20
```

*

「縄跳びさっちゃん」の改造は、以上で終わりです。

「加速度センサ」のコントローラで遊ぶときは、周囲の状況と、ジャンパー線の長さに注意してください。

附　録

附録A　作品の投稿について

　オリジナルの「IchigoJam」プログラムを作ったのに、発表の場になかなか恵まれないということもあるかと思います。
　また、「IchigoJam」を使っている仲間を身近に見つけるのが、難しいという人もいるでしょう。

　「IchigoJam」の開発元である「プログラミング・クラブ・ネットワーク」では、「IchigoJam」以外も含めて、さまざまなプログラミング作品のコンテストや、発表の場を用意しています。

■PCNこどもプロコン

　「プログラミング・クラブ・ネットワーク」が主催しているプログラミングのコンテストで、小中学生であれば、誰でもメールで応募可能です。
　また、プログラムは「IchigoJam」に限らず、他の環境で動作するものでも応募できます。

＜公式Webサイト＞
http://pcn.club/contest/

■Kidspod;

　「Kidspod;」は、筆者(Natural Style)が運営を行なっているプログラム投稿サイトです。
　自作プログラムの公開や、他のメンバーの作品閲覧、Web上でJavaScriptゲームを作れる「マイアプリ」サービスも実施しており、大人でもメンバー登録できます。

　こちらも「IchigoJam」に限らず、さまざまな言語や環境のプログラムなど、オリジナルの作品であるならば、何でも投稿できます。

＜公式Webサイト＞
http://kidspod.club/

附録B 「電卓プログラム」のバグ

　第3章で作った「電卓プログラム」には、うまく動かないケースがいくつかあります。

【リストB-1】電卓プログラム（再掲）

```
10   A=0
20   B=0
30   C=0
40   K=0
50   INPUT "スウジ1ハ？ ",A
60   PRINT A
70   PRINT "キゴウハ？ "
80   K=INKEY()
90   IF K=0 THEN GOTO 80
100  PRINT CHR$(K)
110  INPUT "スウジ2ハ？ ",B
120  PRINT B
130  IF K=ASC("+") THEN C=A+B
140  IF K=ASC("-") THEN C=A-B
150  IF K=ASC("*") THEN C=A*B
160  IF K=ASC("/") THEN C=A/B
170  PRINT "コタエハ"
180  PRINT C
```

■0除算

　たとえば、「1÷0」を計算してみましょう。

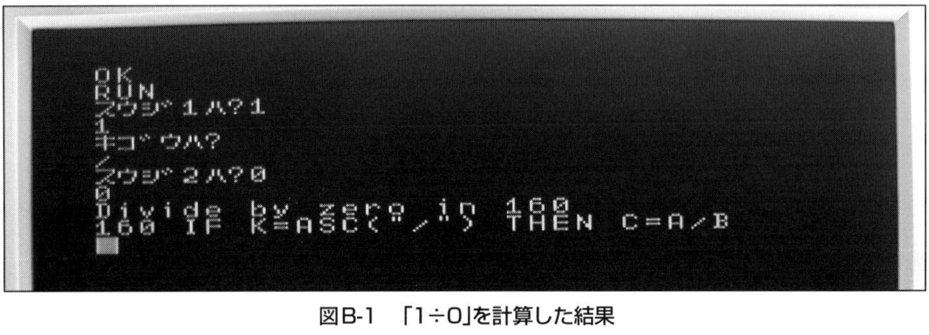

図B-1　「1÷0」を計算した結果

[附録B]「電卓プログラム」のバグ

　「0で割る」という計算をしようとすると、**図B-1**のようなメッセージが表示されて、プログラムが停止してしまいます。
　これは「IchigoJam BASIC」に限らず、多くのプログラム言語に共通していることなのですが、0で割る計算（0除算）はできません[※]。

> ※「0除算」ができない理由の説明は、本書では割愛します。興味のある方は数学の分野を調べてみてください。

　プログラミングの世界では、実行できないプログラム、実行できてもうまく動いてくれないプログラムのことを「バグ」と呼んでいます。
　バグはプログラムの動きを予測できないものにしてしまうので、きちんと修正して、正しく動くプログラムにしなくてはいけません。

＊

　さて、この「電卓プログラム」をどのように修正すれば、バグを取り除けるでしょうか。

　リストB-2の修正は、「0除算が行なわれそうになったら、メッセージを表示して数字の入力をやり直す」というものです。
　これならば途中でプログラムが動かなくなるということもありませんし、ユーザーに「0除算」はできないということを伝えられます。

【リストB-2】「0除算」の対策

```
160 IF K=ASC("/") THEN IF B=0 THEN PRINT "0ワリ キンシ!
    ":GOTO 50 ELSE C=A/B
```

■整数でない除算

　次に、「1÷2」を計算してみましょう。

```
OK
RUN
スウジ 1ハ?1
1
キゴウハ?
/
スウジ 2ハ?2
2
コタエハ
0
OK
```

図B-2　「1÷2」を計算した結果

　本来の答である「0.5」ではなく、「0」が表示されてしまいます。
　これは、「IchigoJam」の割り算が小数点以下を切り捨てるという「仕様」になっているためです。

*

　「仕様」とは、「このコマンドはこういう動きをする」という取り決めのことです。
　「IchigoJam」では「割り算の答えは小数点以下を切り捨てる」と決められているので、「1÷2」の答が「0」になるのは、バグではありません。
　しかし、プログラマーが仕様のことを知らないと、プログラムが予想外の動きをしてバグとなる可能性があります。

　たとえば、この「電卓プログラム」を改造して、3つの数字を計算するプログラムを作ったとしましょう。
　割り算の仕様を知らなかったら、「3÷1÷2」の計算を行なったときに、エラーが発生するようなプログラムを書いてしまうかもしれません（もし、「1÷2」を先に計算してしまったら……）。

■大きすぎる数値の扱い

　次に、「32767＋1」を計算してみましょう。

図B-3　「32767＋1」を計算した結果

　本体の答である「32768」ではなく、「－32768」となってしまいます。割り算のときと比べても、とても奇妙な結果です。これはバグなのでしょうか。

　実は、これも「IchigoJam」の仕様です。
　数値を変数に代入することができるのは、本書で解説したとおりですが、実際にはどのような数値でも代入できるというわけではありません。変数に格納できる「情報量」には限界があり、その限界を超える数値を代入することはできないのです。

　「IchigoJam」の変数が格納できる情報量の限界は、「16bit」です。具体的には、「－32768～32767」の範囲の数値しか代入できません。
　このような仕様があるので「32767＋1＝－32768」という計算は、正しい動きをしているとも言えますが、「整数でない除算」と同じように、この仕様のことを知らないと奇妙なプログラムを書いてしまうかもしれません。

附録C 「IchigoJam BASIC」リファレンス

　以下は、「IchigoJam BASIC」の、「キーボードによる操作」と「コマンド」の一覧です。
　なお、リファレンスのバージョンは、「1.0.1」となります。
　バージョンは更新されることもあるので、最新版については、「http://ichigojam.net/」を確認してください。

表C-1　キーボード操作

操作	解説
キー（英字、数字、記号）	文字を入力。
Shift	キーと共に押し記号や小文字などを入力。
カタカナ、右ALT	アルファベットとカタカナ（ローマ字入力）を切り替える。
Enter	コマンドを実行（プログラム変更時もその行でEnterキー）／Shift+Enterで行分割。
ESC	プログラムの実行、リスト表示、ファイル一覧表示を止める。
カーソルキー	カーソルキーを移動。
Backspace	カーソルの前の文字を消す。
Delete	カーソルにある文字を消す。
左ALT	0〜9/A〜Kと合わせて押すことで拡張文字入力（SHIFT押しながらで切り替え）。
Home End	カーソルを行頭へ移動、カーソルを行末へ移動。
Page Up Page Down	カーソルを画面上へ移動、カーソルを画面下へ移動。
CapsLock	大文字と小文字を切り替える。
Insert	上書きモード、挿入モードを切り替える。
ファンクションキー	F1:CLS、F2:LOAD、F3:SAVE、F4:LIST、F5:RUN、F6:?FREE()、F7:OUT0、F8:VIDEO1、F9:FILES

表C-2　初級コマンド

コマンド	解説	例
LED 数	数が「1」なら光り、「0」なら消える。	LED 1
WAIT 数	数の数値フレームぶんだけ待つ（「60」で約1秒）。	WAIT 60
:	コマンドを連結。	WAIT 60:LED 1
行番号 コマンド	プログラムとしてコマンドを記録。	10 LED1
行番号	指定した行番号のプログラムを消す。	10
RUN	プログラムを実行。「F5キー」でも可。	RUN
LIST 行番号1,行番号2	「行番号1」以上、「行番号2」以下のプログラムを表示（行番号は共に省略可、ESCで途中停止）。「F4キー」でも可。	LIST 10,300
GOTO 行番号	指定した行番号に飛ぶ（式も指定可能）。	GOTO 10
END	プログラムを終了。	END
IF 数 THEN 次 ELSE 次2	数が「0」でなければ「次」を実行し、「0」であれば「次2」を実行（THEN,ELSEは省略可）。	IF BTN() END

BTN(数)	ボタンが押されていれば「1」、そうでないときは「0」を返す。(数：0(付属ボタン)/UP/DOWN/RIGHT/LEFT/SPACE、省略で0)	LED BTN()
NEW	プログラムをすべて消す。	NEW
PRINT 数や文字列	文字を表示する(文字列は"で囲む、";"で連結できる)。省略形：？	PRINT "HI!"
LOCATE 数,数	次に文字を書く位置を横、縦の順に指定する(縦=-1で無表示)。省略形：LC	LOCATE 3,3
CLS	画面をすべて消す。	CLS
RND(数)	「0」から「数未満」の正数をランダムに返す。	PRINT RND(6)
SAVE 数	プログラムを保存する(0〜2の3つ、100〜227 外付けEEPROM、省略で前回使用した数)。ボタンを押した状態で起動すると、「0番」を読み込んで自動実行。	SAVE 1
LOAD 数	プログラムを読み出す(0〜2の3つ、100〜227 外付けEEPROM、省略で前回使用した数)。	LOAD
FILES 数	プログラム一覧を表示。(数指定でEEPROM内ファイル表示に対応、「0」指定ですべて表示、「ESC」で途中停止)	FILES
BEEP 数,数	BEEPを鳴らす。周期(1〜255)と長さ(1/60秒単位)は省略可。「SOUND(EX2)-GND」に圧電サウンダを接続。	BEEP
PLAY MML	「MML」で記述した音楽を再生。「MML」省略で停止。「SOUND(EX2)-GND」に圧電サウンダ接続(http://fukuno.jig.jp/892)。	PLAY "$CDE2CDE2"
TEMPO 数	再生中の音楽のテンポを変更。	TEMPO 1200
数 + 数	足し算する。	PRINT 1+1
数 − 数	引き算する。	PRINT 2-1
数 * 数	掛け算する。	PRINT 7*8
数 / 数	割り算する(小数点以下は切り捨て)。	PRINT 9/3
数 % 数	割り算した余りを返す。	PRINT 10%3
(数)	括弧内を優先して計算。	PRINT 1+(1*2)
LET 変数,数	アルファベット1文字を変数として、数の値を入れる(配列に連続代入可能)。◆省略形：変数=数	LET A,1
INPUT (文字列,)変数	キーボードからの入力で、数値を変数に入れる。	INPUT "ANS?",A
TICK()	時間を返す(1/60秒で1進む)。	PRINT TICK()
CLT	時間をリセット。	CLT
INKEY()	キーボードから1文字入力(入力がないときは0)。	PRINT INKEY()
CHR$(数)	文字コードに対応する文字を返す(コンマ区切りで連続表記可)。	PRINT CHR$(65)
ASC("文字")	文字に対する文字コードを返す。	PRINT ASC("A")
SCROLL 数	指定した方向に、1キャラクターぶんスクロール(0/UP:上、1/RIGHT:右、2/DOWN:下、2/LEFT:左)。	SCROLL 2

コマンド	解説	例
SCR(数,数)	画面上の指定した位置に書かれた文字コードを取得(指定なしで現在位置)。 別名：VPEEK	PRINT SCR(0,0)
数 = 数	比較して、等しいときに「1」を返す(==でも可)。	IF A=B LED 1
数 <> 数	比較して、等しくないときに「1」を返す(!=でも可)。	IF A<>B LED 1
数 <= 数	比較して、以下のときに「1」を返す。	IF A<=B LED 1
数 < 数	比較して、未満のときに「1」を返す。	IF A<B LED 1
数 >= 数	比較して、以上のときに「1」を返す。	IF A>=B LED 1
数 > 数	比較して、より大きいときに「1」を返す。	IF A>B LED 1
式 AND 式	両方の式が正しいときに「1」を返す。	IF A=1 AND B=1 LED 1
式 OR 式	どちらかの式が正しいときに「1」を返す。	IF A=1 OR B=1 LED 1
NOT 式	式が正しいときに「0」を返す。 省略形：!	IF NOT A=1 LED 1
REM	これ以降の命令を実行しない(コメント機能)。 省略形：'	REM START
FOR 変数=数1 TO 数2 STEP 数3	変数に「数1」を入れ、「数2」になるまで「数3」ずつ増やしながら、「NEXT」までをくりかえす(STEPは省略可)。	FOR I=0 TO 10:?I
NEXT	「FOR」コマンドに戻り、変数に「STEP」指定の数だけ増やし、「TO」に到達していない場合繰り返す。	NEXT

表C-3　上級コマンド

コマンド	解説	例
CLV	変数、配列をすべて「0」にする。 別名：CLEAR	CLV
CLK	キーバッファとキーの状態をクリアする。	CLK
ABS(数)	絶対値を返す(マイナスはプラスになる)。	PRINT ABS(-2)
[数]	配列([0]から[101]までの102個の連続した変数として使える)。「LET[0],1,2,3」で、連続代入が可能。	[3]=1
GOSUB 行番号	数または式で指定した行番号に飛び、「RETURN」で戻ってくる。	GOSUB 100
RETURN	「GOSUB」で呼び出された次へ戻る。	RETURN
SOUND()	音が再生中なら「1」、そうでないときは「0」を返す。	? SOUND()
FREE()	プログラムの「残りメモリ数」を返す。	? FREE()
VER()	「IchigoJam BASIC」のバージョン番号を返す。	? VER()
RENUM 数	プログラムの行数を指定数から10刻みにする。 (数省略で10、GOTO/GOSUBの飛び先は手で変更必要)	RENUM
LRUN 数	プログラムを読み込んだあと、実行する。	LRUN 1
FILE()	最後にプログラムを読み込み、書き込み行なった数を返す。	? FILE()
SLEEP	プログラムを休止(ボタンを押すと復帰)。	SLEEP
VIDEO 数	画面表示、停止を切り替える。 「0」で画面表示を停止し処理高速化(「F8キー」で表示)。	VIDEO 0
PEEK(数)	メモリの読み出し(キャラクターパターン0～#7FF)。	PEEK 9600
POKE 数,数	メモリへの書き込み。 (#700～#FFF内が書き込み可能 http://fukuno.jig.jp/984)	POKE #700,#FF

CLP	キャラクターパターン(#700〜#7FF)を初期化。	CLP
HELP	メモリマップを表示。	HELP
ANA(数)	外部入力の電圧(0V〜3.3V)を0〜1023の数値で返す。 (2:IN2、0:BTN、省略で0)	A=ANA()
OUT 数1,数2	外部出力OUT1〜6に、「0」または「1」を出力。 「数2」省略で、まとめて出力。	OUT 1,1
IN(数)	IN1〜4から入力する(0または1) 数を省略してまとめて入力できる。 (IN1,2,4はプルアップ)	LET A,IN(1)
#16進数	16進数で数を表記。	#FF
HEX$(数,数)	数を16進数の文字列にする。 (2番目の数は桁数、省略可)	?HEX$(255,2)
`2進数	2進数で数を表記。	`1010
BIN$(数,数)	数を2進数の文字列にする。 (2番目の数は桁数、省略可)	?BIN$(255,8)
数 & 数	論理積(ビットマスク)。	? 3&1
数 | 数	論理和。	? 3|1
数 ^ 数	排他的論理和。	? A^1
数 >> 数	右シフトする。	? A>>1
数 << 数	左シフトする。	? A<<1
~数	ビット反転。	? ~A
BPS 数	シリアル通信速度を変更。 (0で初期値の115,200bps)	BPS 9600
I2CR(数1,数2,数3,数4,数5)	I2Cで周辺機器から読み込む I2Cアドレス、コマンド送信アドレス・長さ、受信アドレスと長さ(http://fukuno.jig.jp/989)。	R=I2C
I2CW(数1,数2,数3,数4,数5)	I2Cで周辺機器に書き込む I2Cアドレス、コマンド送信アドレス・長さ、送信アドレスと長さ(http://fukuno.jig.jp/989)。	R=I2C
USR(数,数)	マシン語呼び出し。 (※高確率で「IchigoJam」が停止)	A=USR(#700,0)

※「IchigoJam BASIC リファレンス - 1.0.1」は、IchigoJam公式サイトによって「クリエイティブ・コモンズ 表示 4.0 国際ライセンス」の下に提供されています(CC BY http://IchigoJam.net/)。
　同ライセンスについては、「https://creativecommons.org/licenses/by/4.0/deed.ja」を参照してください。

[附録D] 文字コードテーブル

図D-1は「IchigoJam」の文字コードテーブルです。

「左の数字」と「上の数字」を足したものが、該当する文字の文字コードとなっており、たとえば、「A」の文字コードは、左の数字が「60」、上の数字が「5」なので、「60+5=65」となります。

図D-1　文字コードテーブル(ver0.9.7)

※この作品はクリエイティブ・コモンズ表示2.1日本ライセンスの下に提供されています(CC BY 福野泰介 - Taisuke Fukuno / @taisukef)
同ライセンスについては、「http://creativecommons.org/licenses/by/2.1/jp/」を参照してください。

索　引

50音順

《あ行》

あ	圧電サウンダ	29
お	オームの法則	102

《か行》

か	掛け算	53
	数を入力する	51
	数をランダムに返す	40
	加速度センサ	112
き	キーボード	10
	キーボードからの入力を受け付ける	51
	キーボードから文字を入力する	56
	キーボード入力	25
	キャラクターを動かす	63
	キャラクターをジャンプさせる	70
	キャラクターを操作する	67
	行番号	42
	行番号を付け直す	47
く	組み立てキット	14,33
	組み立て済完成品	14
け	計算記号を入力する	55
	計算を行なう	60
	ゲームオーバー機能	83
こ	コマンド	9,37
	コマンドの組み合わせ	38
	コマンド・モード	36
	コマンド・モードの特徴	41
	コンデンサ	23

《さ行》

さ	作品の投稿	117
	三端子レギュレータ	31
し	周辺機器	10
	照度センサ	101
	処理を待つ	39
す	スコア機能	81
	スライドスイッチ	23,32
せ	説明書	16
	センサ	11

《た行》

た	タクトスイッチ	23,27,32
	足し算	53
	ダブルクォーテーション	9
て	電子素子	88
	電卓プログラム	50,61

《な行》

な	縄跳びゲーム	63
に	入門テキスト	16

《は行》

は	汎用出力ポートに信号を送る	90
	汎用入出力ポート	9,11,88
	汎用入出力ポートからの信号を扱う	89
ひ	ビープ音を鳴らす	41
	比較コマンド	58
	引き算	53
ふ	プリント基板キット	14,33
	ブレッドボード	17
	ブレッドボード・キット	14
	プログラミング・モード	42
	プログラミング・モードの特徴	49
	プログラムの確認	45
	プログラムの実行（プログラミング・モード）	42
	プログラムの修正	45
	プログラムの消去	45
	プログラムの保存	44
	プログラムの読み込み	45
	プログラムをコマンドで終了	83
へ	変数	52

《ま行》

ま	マイコン	22
め	目覚ましアラーム	104

も	文字コード	60		LEDを光らせる	37,42
	文字コードテーブル	125		LET	55
	文字の位置を座標で指定	40		LIST	45
	文字を消去	39		LOCATE	40,63
	モニタ	10	M	microUSB端子	24,33
	モニタ上に文字を表示	9	N	NEW	45

《ら行》

ら	ランダムなタイミング	94
り	リファレンス	16,121

《わ行》

わ	割り算	53

アルファベット順

A	ANA( )	89
	AND	84
	ASC(" ")	60
B	BASIC	8
	BEEP	41
C	CHR$( )	60
	CLS	39
E	ELESE	59
	END	83
G	Get Started Set	14
	GOTO	43
H	Hello world	9,36
I	IchigoJam	8
	IchigoJamが動かないとき	31
	IchigoJam公式サイト	16
	IchigoJamで入力できる数値の範囲	120
	IchigoJam取り扱い店	15
	IchigoJamの回路図	19
	IF	58,84
	INKEY( )	56
	INPUT	51
L	LED	27,37,91
	LEDライトを点滅させる	43

O	OR	84
	OUT	90
P	PRINT	9
	PS/2端子	26,32
R	RENUM	47
	RND( )	40,94
	RUN	42
T	THEN	59
W	WAIT	39

数値・記号

0除算	118
2way反射神経測定ゲーム	94
-	54
"	9
%	54
*	54
/	54
:	39
+	54
<	58
<=	58
<>	58
=	58
>	58
>=	58

[著者略歴]
Natural Style（ナチュラル・スタイル）

「ファッションECサイトへの技術提供」「ファッションアプリの制作」「玩具キャラクターを用いたゲームアプリ制作」など、ソフトウェア制作を事業の中心とする会社。
2006年、福井県福井市に設立。

最近は「プログラミング・クラブ・ネットワーク」(PCN)のスタッフとして、子供たちへのプログラミング環境の提供や、「IchigoJam」の製作、販売を行なっている。

(株)Natural Style
【ホームページ】
http://na-s.jp/

【参考サイト】
IchigoJam 公式サイト (http://ichigojam.net)
PCN 公式サイト (http://pcn.club)
秋月電子通商
　NJL7502L カタログ　(http://akizukidenshi.com/catalog/g/gI-02325/)
　OSDR3133A カタログ　(http://akizukidenshi.com/catalog/g/gI-00562/)
　ADXL335 カタログ　(http://akizukidenshi.com/catalog/g/gK-07234/)
マルツオンライン
　ADXL335 カタログ　(http://www.marutsu.co.jp/pc/i/69272/)

質問に関して

本書の内容に関するご質問は、

① 返信用の切手を同封した手紙
② 往復はがき
③ FAX (03) 5269-6031
　（ご自宅のFAX番号を明記してください）
④ E-mail　editors@kohgakusha.co.jp

のいずれかで、工学社編集部宛にお願いします。電話によるお問い合わせはご遠慮ください。

サポートページは下記にあります。
［工学社サイト］http://www.kohgakusha.co.jp/

I/O BOOKS

IchigoJamではじめる電子工作&プログラミング

平成27年8月25日　第1版第1刷発行　ⓒ 2015
平成27年11月5日　第1版第2刷発行

著　者　Natural Style
編　集　I/O編集部
発行人　星　正明
発行所　株式会社工学社
　　　　〒160-0004 東京都新宿区四谷4-28-20　2F
電　話　(03) 5269-2041 (代) [営業]
　　　　(03) 5269-6041 (代) [編集]
振替口座　00150-6-22510

※定価はカバーに表示してあります。

[印刷] シナノ印刷(株)

ISBN978-4-7775-1908-8